Der Schwerkraft auf der Spur

W. B. BRAGINSKI
und A. G. POLNARJOW

Mit 48 Abbildungen

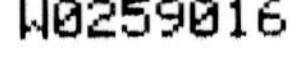

Verlag MIR; Moskau

BSB B. G. Teubner Verlagsgesellschaft
Leipzig 1989

Kleine Naturwissenschaftliche Bibliothek · Band 65
ISSN 0232-346X

Autoren:
Prof. Dr. sc. nat. Wladimir Borissowitsch Braginski, Staatliche Lomonossow-Universität, Moskau
Dr. sc. nat. Alexandr Georgijewitsch Polnarjow, Institut für kosmische Forschungen der AdW der UdSSR, Moskau

Titel der Originalausgabe:
В. Б. Брагинский /А. Г. Полнарев
Удивительная гравитация
Verlag NAUKA, Moskau, 1985
Deutsche Übersetzung: Dipl.-Ing. E. und Dr. J. Mücket, Potsdam
Wissenschaftliche Redaktion: Dr. S. Gottlöber, Potsdam

ISBN 978-3-322-00514-4 ISBN 978-3-322-94572-3 (eBook)
DOI 10.1007/978-3-322-94572-3

Gemeinschaftsausgabe des Verlages MIR, Moskau, und des
BSB B. G. Teubner Verlagsgesellschaft, Leipzig
© Издательство «Наука». Главная редакция физико-математической литературы, 1985
© Verlag MIR, Moskau, und BSB B. G. Teubner Verlagsgesellschaft, Leipzig 1989
1. Auflage
VLN 294-375/94/89 · LSV 1129
Lektor: Dipl.-Met. Christine Dietrich
Bestell-Nr. 666 522 7
00960

Vorwort

In diesem Buch wird der Versuch unternommen, Schülern der oberen Klassen und allen, die sich für Physik interessieren, etwas über die Gravitation zu vermitteln.

Durch die gravitative Wechselwirkung – die schwächste aller in der Natur bekannten Wechselwirkungen – wird die Bewegung der Himmelskörper, der Planeten, Sterne und Galaxien, sowie die Entwicklung des Universums als Ganzes bestimmt. Unter Laborbedingungen sind die gravitativen Effekte jedoch so klein, daß es keine leichte Aufgabe ist, sie zu messen.

Als die Autoren dieses Buch über die gravitative Wechselwirkung schrieben, bemühten sie sich, dem Ausspruch des sowjetischen Physikers I. Je. Tamm zu folgen: „Ein Student ist keine Gans, die man füllen, sondern eine Fackel, die man anzünden muß." Offensichtlich gilt das auch für Schüler (von denen ja einige später Studenten werden). Daher haben sich die Autoren folgende Aufgabe gestellt: Erstens wollen sie den Leser mit den modernen Vorstellungen über die gravitative Wechselwirkung bekannt machen. Zweitens wollen sie ihn empfinden lassen, wie die erstaunlichen Besonderheiten der Gravitation im Experiment zutage treten.

In diesem Buch wird auch ein wenig über die historische Entwicklung der Ideen und Experimente berichtet. Am Beispiel der Gravitationsexperimente kann der Leser sehen, welchen schwierigen und interessanten Weg die Physik beschritten hat, bevor sie das heutige Niveau des Verständnisses jener Grundgesetze erreicht hat, die die Welt regieren. Drittens haben sich die Autoren die Aufgabe gestellt, den Leser davon zu überzeugen, daß man sich nicht nur mit einem Teilgebiet der Physik beschäftigen darf und die Kenntnisse der anderen vernachlässigen kann. Die Physik ist eine einheitliche Wissenschaft. Das tritt bei der Durchführung von Experimenten besonders deutlich zutage, wenn Effekte oder Methoden aus verschiedenen Gebieten der Physik angewendet werden müssen. Daher treten in unserem Bericht über die Gravitationsexperimente plötzlich kapazitive Sensoren, Magnetometer, Laser, Teleskope, Satelliten und vieles mehr auf.

Die Autoren hoffen, daß die jungen Leser, selbst wenn sie

nicht beabsichtigen, sich später mit der Gravitationstheorie zu beschäftigen, ihren Gesichtskreis erweitern und etwas Interessantes und Nützliches in diesem sich stürmisch entwickelnden Teilgebiet der Physik finden. Wenn es den Autoren gelungen ist, das Interesse des Lesers zu wecken, der den Mut hat, das Buch bis zum Ende zu lesen, dann können sie ihre Aufgabe als erfüllt ansehen.

Die Autoren danken L. G. Aslamasow, I. D. Nowikow und Ja. A. Smorodinski für nützliche Ratschläge und kritische Bemerkungen zu einer ganzen Reihe von Fragen, die in dem Buch berührt werden. Die Autoren sind O. W. Beljajewa und L. G. Straut für ihre unschätzbare Hilfe bei der Arbeit an dem Manuskript zu Dank verpflichtet.

W. B. Braginski
A. G. Polnarjow

Inhalt

1. Über das physikalische Experiment im allgemeinen und über die Gravitationsexperimente im besonderen

Die Physik als Wissenschaft von den allgemeinsten, fundamentalen und in diesem Sinne einfachsten (d. h. elementarsten) Erscheinungen der unbelebten Natur wird als die entwickeltste unter allen Naturwissenschaften angesehen. Früher als die anderen Wissenschaften hat sich die Physik als alleinigen Richter das Experiment gewählt. Ebenfalls vor allen anderen Naturwissenschaften ist sie zu einer Wissenschaft der quantitativen Aussagen geworden: Die Zahl bzw. die Menge, also die numerische Gesetzmäßigkeit, spielt in der Physik eine Schlüsselrolle. Die physikalische Theorie hat seit langem einen solchen Stand erreicht, daß alle ihre Voraussagen einen quantitativen Charakter besitzen. Der Versuch, also das physikalische Experiment, ist immer eine Messung, d. h. ein Verfahren, um bestimmte Zahlen oder eine zahlenmäßige Abhängigkeit mit Hilfe dieser oder jener Apparatur zu erhalten. Und nur dann erlangt eine physikalische Theorie das Existenzrecht, wenn die Zahl, die von der Theorie vorhergesagt wurde, im Rahmen der Meßgenauigkeit mit der entsprechenden aus dem Experiment abgeleiteten Zahl übereinstimmt.

Einschränkend sei gesagt, daß bisweilen nicht nur eine einzige, sondern mehrere Theorien, die ein und dasselbe Erscheinungsbild erfassen, ihre Berechtigung haben. Das kann passieren, wenn sichTheorien zwar in ihren Grundannahmen unterscheiden, aber in bezug auf eine dem Experiment zugängliche Erscheinung derart ähnliche quantitative Voraussagen machen, daß die erreichbare Genauigkeit nicht ausreicht, um eine Entscheidung zwischen den betreffenden Theorien zu fällen.

Die Experimentatoren werden jedoch immer neue Versuche durchführen. Die Theorie selbst gibt dazu die nötigen Hinweise, welche Experimente sich lohnen und welche nur wenig zu dem bereits Bekannten beitragen werden. In dem Maße, wie die Experimente einen immer größeren Kreis von Erscheinungen umfassen, werden die einen Theorien „über Bord geworfen", während andere überleben.

In diesem kontinuierlichen Prozeß des Vergleichens von Theorie und Experiment finden bisweilen „Sprünge" statt, die einen radikalen Bruch mit den Grundvorstellungen in der Physik verlangen. In der Regel geschieht dies, nachdem die Empfindlichkeit der Experimente wesentlich erhöht worden ist oder Umfang und Bereiche der gemessenen Größen drastisch erweitert worden sind. In jedem Fall ist dies mit der Entwicklung der Technologie, mit dem wachsenden experimentellen Potential der Physik verknüpft. Betrachten wir z. B. die Newtonsche Mechanik. Sie beschreibt mit hoher Genauigkeit die Bewegung der Himmelskörper. Die verbesserte Genauigkeit, die in den Beobachtungen des 20. Jahrhunderts erreicht worden ist, hat es jedoch möglich gemacht, auch in den Planetenbewegungen Abweichungen von den durch die Newtonsche Theorie vorausgesagten Bahnen zu entdecken (z. B. die Verschiebung des Merkurperihels). Noch früher haben die Experimente mit dem Elektromagnetismus gezeigt, daß nicht alle Erscheinungen durch die Newtonsche Mechanik erfaßt werden, und es wurde die Maxwellsche Theorie geschaffen, um die elektrischen und magnetischen Phänomene zu beschreiben. Die experimentellen Untersuchungen zur Natur der Atome und Elementarteilchen haben zur Formulierung der Quantenmechanik geführt. Schließlich hat die Beschreibung von Teilchenbewegungen mit Geschwindigkeiten, die nicht mehr sehr klein im Vergleich zur Lichtgeschwindigkeit sind, die Schaffung der Speziellen Relativitätstheorie erforderlich gemacht.

Zum Verhältnis von Theorie und Experiment bemerkte Einstein tiefsinnig, daß das Experiment niemals eindeutig eine Theorie bestätigen (verifizieren), sondern allenfalls verwerfen kann. In dieser Aussage ist die Behauptung enthalten, daß jede Theorie nur als ein Modell zu betrachten ist. Der hier benutzte Terminus „Modell" unterscheidet sich allerdings in der modernen Physik von dem entsprechenden Alltagsbegriff, mit dem wir eine Konstruktion aus Rädern und Hebeln assoziieren, sehr wesentlich. Ein „Modell" in der Physik, das ist i. allg. ein Gleichungssystem, das den Zusammenhang zwischen physikalischen Größen, die im Experiment gemessen werden können, mathematisch beschreibt. Solche Größen sind z. B. Koordinaten, Kräfte, Beschleunigungen, Ladungen usw. Ob das Gleichungssystem, d. h. das physikalische Modell, richtig oder falsch ist, läßt sich nur mittels eines Experiments erkennen, bei dem man diese oder jene konkrete Lösung des Gleichungssystems mit den Versuchsergebnissen vergleichen kann.

Bei der Schaffung eines in diesem Sinne verstandenen Modells sind die theoretischen Physiker i. allg. auf eine gewisse Idealisierung angewiesen. Dabei werden die einen Beziehungen zwischen den Größen unter der Voraussetzung beschrieben, daß gewisse andere unwesentlich sind. Ganz bewußt werden Näherungen betrachtet, und man beschränkt sich auf diesen oder jenen Wertebereich für die in die Gleichungen eingehenden meßbaren Größen. In einem realen physikalischen Experiment besteht die Hauptaufgabe, die der Experimentator lösen muß, darin, alle möglichen Erscheinungen und Einflüsse, die „mit der eigentlichen Sache nichts zu tun haben", auszuschließen. Wenn ein Experimentator beispielsweise einen kleinen elektrischen Strom messen muß, um letztlich das Ohmsche Gesetz zu überprüfen, und dazu ein höchst empfindliches Galvanometer benutzt, dann muß er sich bemühen, so sorgfältig wie möglich die Vibrationen des Galvanometerspiegels zu beseitigen, die etwa durch seismische Schwankungen der Erde hervorgerufen werden können. Er wird die „Nulldrift", d. h. die Änderung der Gleichgewichtslage des Drahtes, die mit dessen Deformation zusammenhängt, abziehen müssen, er wird sich bemühen, den Einfluß äußerer Magnetfelder fernzuhalten usw. Er wird also versuchen, wie die Experimentatoren sagen, alle systematischen und auffälligen Störungen, die keine Beziehung zum – in unserem Fall – Ohmschen Gesetz haben, zu beseitigen.

Der akkurate Ausschluß aller möglichen äußeren und oft vor allem der inneren Störungen kann heute nur unter Einbeziehung praktisch des gesamten Umfangs der durch die Physiker gewonnenen Erfahrung, d. h. letztlich der gesamten Physik, erreicht werden. Leider unterlaufen bei dieser schwierigen Arbeit, die aus einer Fülle von Proben, Kontrollen und „Subtraktionen" eines Effektes von einem anderen besteht, selbst in der modernen experimentellen Praxis Fehler. So wurde in den physikalischen Periodika mehrmals über die Entdeckung des Monopols (einer magnetischen Elementarladung), über die Entdeckung von Teilchen mit im Verhältnis zum Elektron gebrochenen elektrischen Ladungen u. a. m. berichtet.

Die Experimentalphysik ist wahrlich reich an dramatischen Situationen ähnlicher Art. Dies ist jedoch noch kein

„Drama" der Ideen, das zu einem radikalen Bruch mit den physikalischen Grundvorstellungen führt, worauf wir bereits eingegangen sind. Aus den angeführten Beispielen soll vielmehr klar werden, daß von einer physikalischen Theorie – damit sie als richtig anerkannt wird – durchaus nicht gefordert wird, daß ihre Grundgleichungen sofort die ganze Vielfalt von Wechselbeziehungen berücksichtigen, die in der realen Welt bestehen. Wenn die Wissenschaft einen solchen Weg gehen würde, dann wäre wahrscheinlich ein Fortschritt überhaupt nicht möglich. Wichtig ist etwas anderes. Jede physikalische Theorie hat ihren Anwendungsbereich, und nur in diesem Sinne ist sie als genähert zu verstehen. Mit anderen Worten, jede Theorie, d.h. jedes physikalische Modell, ist als Grenzfall eines allgemeineren, möglicherweise noch nicht existierenden Modells zu betrachten. So ist für die Newtonsche Mechanik keine Überprüfung in ihrem Anwendungsbereich erforderlich. Eine Extrapolation ihrer Schlußfolgerungen über die Grenzen dieses Bereichs hinaus gerät jedoch unweigerlich in Widerspruch zu dem Experiment.

Unseren Bericht über die Gravitation (oder, mit anderen Worten, über die Schwerkraft) und vor allem über die Gravitationsexperimente beginnen wir damit, daß wir einige Worte darüber verlieren, welchen Platz die Gravitationswechselwirkung im modernen physikalischen Weltbild einnimmt.

In der modernen Physik sind vier fundamentale Wechselwirkungen bekannt: die starke, die elektromagnetische, die schwache und die gravitative Wechselwirkung.

Die starke Wechselwirkung agiert zwischen den Protonen und den Neutronen, sie garantiert die Stabilität der Atomkerne. Mit Hilfe der schwachen Wechselwirkung findet die radioaktive Umwandlung der einen Kerne in andere unter Abstrahlung von Elektronen, Positronen und Neutrinos statt. Sowohl die erste als auch die zweite Wechselwirkung ist, wie die Physiker sagen, kurzreichweitig. Das bedeutet, daß sie mit wachsender Entfernung rasch abnehmen. Deshalb sind diese Wechselwirkungen nur in der Mikrowelt bedeutsam, und es ist daher nicht erstaunlich, daß der Mensch nur dann mit ihnen zu tun bekommt, wenn er in die Tiefen der Mikrowelt vordringt. Dies ist erst vor ganz kurzer Zeit geschehen, nämlich in unserem Jahrhundert.

Im Gegensatz dazu ist die elektromagnetische Wechselwirkung langreichweitig. In der Natur existieren jedoch elektrische Ladungen mit entgegengesetztem Vorzeichen. Deshalb sind nur die Elementarteilchen geladen, während die makroskopischen Körper infolge der Kompensation von Ladungen mit entgegengesetztem Vorzeichen fast neutral sind. Der Überschuß der positiv geladenen Teilchen gegenüber den negativ geladenen oder umgekehrt ist in jedem makroskopischen Körper winzig klein im Vergleich zu der Gesamtzahl aller Ladungsträger. Wäre dies nicht der Fall, dann würde der betreffende Körper infolge der elektrostatischen Abstoßungskräfte zerplatzen. Alles, was von der elektromagnetischen Wechselwirkung in der Makrowelt bleibt, sind die relativ schwachen elektrischen und magnetischen Felder und die elektromagnetische Strahlung. Ein Teil dieser Strahlung wird durch das menschliche Auge als Licht wahrgenommen.

Ganz anders verhält es sich mit der Gravitationswechselwirkung, der schwächsten aller Wechselwirkungen in der Natur. In der Mikrowelt sind die Gravitationskräfte vernachlässigbar klein im Vergleich zu den Kräften der elektromagnetischen, der schwachen und erst recht der starken Wechselwirkung. Ebenso wie die elektromagnetischen sind die Gravitationskräfte langreichweitig. Als Analogon zur elektrischen Ladung kann für die Gravitationsladung eine beliebige Masse oder Energie stehen. Doch im Unterschied zur elektromagnetischen Wechselwirkung existieren in der Natur nur Gravitationsladungen eines Vorzeichens, zwischen denen immer gravitative Anziehung wirkt, und niemals ist gravitative Abstoßung möglich. Deshalb spielt die schwächste aller Wechselwirkungen die Hauptrolle, wenn es um Objekte von kosmischer Ausdehnung geht: Gravitationskräfte addieren sich immer. Damit sie dominieren können, muß die Masse der Körper riesig sein. Die Erde ist solch ein genügend großer Körper. Deshalb lebt der Mensch in einer Welt, in der er jeden Augenblick die Wirkung der Gravitation spürt.

Obwohl die Menschen über Jahrtausende ständig mit der Schwerkraft zu tun hatten, lernten sie erst im 17. Jahrhundert dank des Sir I. Newton ihre Wirkung zu beschreiben und die Bewegung der Körper im Schwerefeld vorauszusagen.

Die nächste Etappe auf dem Weg zum Verständnis der Schwerkraft war die Schaffung der Allgemeinen Relativitätstheorie durch Einstein zu Beginn des 20. Jahrhunderts.

Ein solch verspäteter Zugang zu der Natur der Gravitationswechselwirkung hat seine Ursachen. Der Grund besteht darin, daß es sehr schwierig ist, ein aktives Gravitationsexperiment durchzuführen, d. h. zielgerichtet das Gravitationsfeld im Labor zu verändern. Dem Experimentator in einem irdischen Labor stehen einfach viel zu kleine Gravitationsladungen (Massen) zur Verfügung. Deshalb mußte in den Gravitationsexperimenten auch eine so große Phantasie entwickelt werden, um die außerordentlich schwachen Effekte vor dem Hintergrund großer, nicht gravitativ bedingter Störungen messen zu können.

Man kann sagen, daß heutzutage die Hauptschwierigkeiten eines Gravitationsexperiments nicht ausschließlich und auch nicht hauptsächlich in der Schwäche der Effekte begründet sind, sondern vielmehr in dem relativ hohen Störniveau nichtgravitativen Ursprungs.

Die Gravitationsexperimente nehmen in der Physik also einen besonderen Platz ein. Nicht zuletzt deswegen, weil ihre Zahl relativ klein ist im Vergleich zu der Zahl von Experimenten, die z. B. der elektromagnetischen Wechselwirkung gewidmet waren und sind. Die Ursache für die geringe Zahl der Versuche liegt, wie wir wissen, darin begründet, daß die Gravitationswechselwirkung von allen bekannten Wechselwirkungen die schwächste ist. Deshalb muß man, um ein neues Experiment zur Überprüfung der Gravitationstheorien, in dem eine genügend hohe Empfindlichkeit erreicht wird, durchführen zu können, notwendigerweise recht bedeutende Anstrengungen unternehmen und oftmals neue Methoden hinzuziehen, die für andere Gebiete der Physik ausgearbeitet worden sind. Manchmal vergehen über solchen Versuchen viele Monate und sogar Jahre.

Der Hauptteil des vorliegenden Buches ist den modernen Gravitationsexperimenten gewidmet, und die Autoren hoffen, daß sie dem Leser ein Gefühl für die Schönheit und Eleganz vieler dieser Versuche vermitteln können.

2. Was wußte Newton über die Schwerkraft?

Der kleine historische Ausflug, mit dem dieses Kapitel beginnt, wird dem Leser helfen, zu ahnen, wie schwer sich den Menschen die Wahrheit dargeboten hat, die in unserem Jahrhundert jedem Schulkind bekannt ist.

Der altgriechische Philosoph Aristoteles nahm an, daß die Fallgeschwindigkeit der Körper in dem jeweiligen Medium dem Gewicht dieser Körper proportional ist, und die Zunahme der Geschwindigkeit am Ende des freien Falls schrieb er einer Gewichtszunahme des Körpers in dem Maße zu, wie er sich dem vorbestimmten Ort näherte. Ein Stein, der von der Erde aufgehoben wurde, „fühlt" sich nach Aristoteles „widernatürlich". Aristoteles zufolge wirkt auf den Körper während der Bewegung ständig eine gewisse Kraft, die durch Wechselwirkung des Körpers mit dem Medium hervorgerufen wird. Daraus mußte man den völlig unerwarteten Schluß ziehen, daß absolute Leere nicht möglich ist. Denn sofern sie existierte, würde der Körper instantan (augenblicklich, sofort) den ihm bestimmten Ort erreichen (d. h. mit unendlicher Geschwindigkeit). Fast 2000 Jahre nach Aristoteles bewies Galilei mit Hilfe des Experiments, daß die Geschwindigkeit eines frei fallenden Körpers im Vakuum nicht proportional der Fallhöhe ist, wie seine Vorgänger glaubten, sondern proportional der Fallzeit: $v \sim t$ (das aus der Schulphysik wohlbekannte Gesetz der Geschwindigkeitszunahme bei gleichmäßig beschleunigter Bewegung). Es wird berichtet, daß die skeptisch eingestellten Gelehrten und Zeitgenossen von Galilei ihren Augen nicht trauen wollten, als sie selbst sahen, wie ein Metallkügelchen und eine Feder in einer Glasröhre, aus der die Luft evakuiert war, völlig gleichartig fielen.

Die nachfolgenden umfangreichen Experimente, angefangen mit den weniger genauen von Galilei und Newton bis zu den Präzisionsexperimenten, die erst vor kurzem ausgeführt wurden (s. 7. Kapitel), haben mit wachsender Genauigkeit bewiesen, daß alle Körper unabhängig von ihrer Masse, chemischen Zusammensetzung und anderen Eigenschaften im Gravitationsfeld (wenn man vom Luftwiderstand absieht) mit ein und derselben Beschleunigung fallen. Ein wenig vorgreifend sei erwähnt, daß dieser experimentelle Fakt, nämlich die Universalität (Gleichheit)

der Beschleunigung des freien Falls von Körpern im Gravitationsfeld, zu einem Eckpfeiler bei der Begründung der Allgemeinen Relativitätstheorie durch Einstein wurde.

Newton analysierte eine gewaltige Menge von Versuchsergebnissen und begriff, daß die unmittelbare Reaktion der Körper auf die auf sie einwirkende Kraft nicht die Geschwindigkeit selbst sein kann, sondern die Beschleunigung, also die zeitliche Ableitung der Geschwindigkeit nach der Zeit (die Änderungsgeschwindigkeit der Geschwindigkeit), sein muß. Er fand einen einfachen Zusammenhang zwischen der Kraft $\boldsymbol{F}$ und der Beschleunigung $\boldsymbol{a}$, der durch die Versuche sehr gut bestätigt wurde:

$$\boldsymbol{F} = m_t \boldsymbol{a}. \tag{2.1}$$

Dies ist das allen wohlbekannte zweite Newtonsche Gesetz. Die Größe m_t, die als Proportionalitätsfaktor in der Beziehung zwischen $\boldsymbol{F}$ und $\boldsymbol{a}$ auftritt, wird als träge Masse oder als Maß für die Trägheit bezeichnet, d. h. als Maß für den Widerstand eines Körpers gegen die Einwirkung einer Kraft, die danach strebt, den Bewegungszustand des betreffenden Körpers zu ändern (Beschleunigung, Abbremsen, Bahnänderung).

Es sei hier darauf hingewiesen, daß dieses Gesetz für Kräfte beliebigen Ursprungs Gültigkeit besitzt. Danach wandte sich Newton der Untersuchung der Kräfte $\boldsymbol{F}$ selbst zu: Wodurch werden Betrag und Richtung in jedem Fall bestimmt? Sein bedeutendstes Ergebnis war die Analyse der Gesetze, die die Schwerkraft betreffen. Hier ist es angebracht zu erwähnen, daß vor Newton bereits ein außerordentlich umfangreiches Beobachtungsmaterial über die Bewegungsgesetze der Planeten existierte, das größtenteils von dem berühmten Astronomen Tycho Brahe bereitgestellt worden war. Von dessen Schüler Johannes Kepler (mehr über die Keplerschen Gesetze s. 10. Kapitel) waren empirische (d. h. aus dem Experiment und der Erfahrung gewonnene) Gesetze aufgestellt worden, die mit hoher Genauigkeit die Planetenbewegung beschrieben. Die Aufgabe, die von Newton gelöst wurde, bestand darin, zu untersuchen, wie eine Kraft $\boldsymbol{F}_G$ beschaffen sein muß, die zwischen Sonne und Planeten wirkt, damit aus Gl. (2.1) die empirisch gefundenen Keplerschen Gesetze folgen. Die von Newton gefundene Antwort, die als das Gesetz von der universellen Schwerkraft allen Schulkindern bekannt ist,

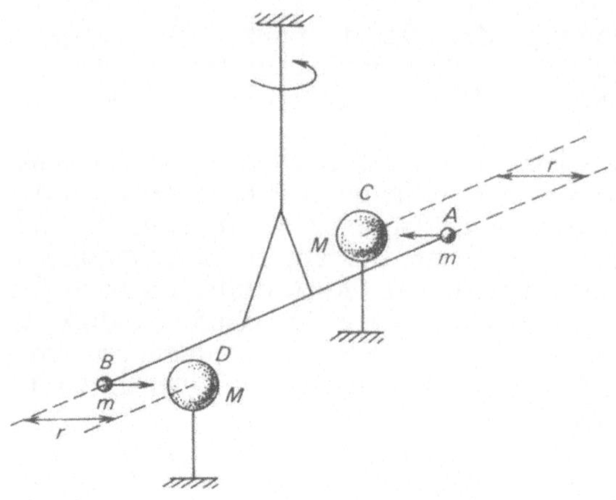

Abb. 1. Schematische Darstellung des Versuches von Cavendish zur Messung von *G*.
Cavendish bestimmte die Kraft zwischen den Bleikugeln *A* und *C* (bzw. *B* und *D*) mit den Massen *m* und *M*, indem er maß, wie weit die Drehwaage ausgelenkt wurde. Er überzeugte sich, daß diese Kraft dem Abstandsquadrat umgekehrt proportional ist, und bestimmte auf diese Weise *G*

lautet

$$|\boldsymbol{F}_{\mathrm{G}}| = G\frac{(m_{\mathrm{s}})_1 (m_{\mathrm{s}})_2}{r_{12}^2}. \tag{2.2}$$

Dieses Gesetz ist für punktförmige Massen gültig. G bedeutet darin die Gravitationskonstante, und r_{12} ist der Abstand zwischen den Körpern. Für Newton war es klar, daß $(m_s)_1$ und $(m_s)_2$, die sog. schweren Massen der Körper, ihrem physikalischen Inhalt nach von den trägen Massen, die im zweiten Newtonschen Gesetz (2.1) auftreten, verschieden sind. Die schwere Masse bestimmt unter irdischen Bedingungen die Masse eines Körpers (in der Schwerelosigkeit, im Orbit, ist das nicht der Fall). Wie sich Newton selbst überzeugen konnte (im Ergebnis der im 7. Kapitel beschriebenen Versuche mit Pendeln), ist die Masse eines Körpers immer der trägen Masse des Körpers proportional. Den Zeitgenossen Newtons erschien dieser Umstand als völlig natürlich, um so mehr, als die Erfahrung die Gleichheit von träger und schwerer Masse bestätigte. Newton definierte die Masse als Produkt aus Materiedichte und Volumen. Es ist wichtig, darauf hinzuweisen, daß die Körper gemäß dem Gesetz von der universellen Schwerkraft nicht nur von der Erde angezogen werden, sondern daß sie sich auch untereinander anziehen. Infolge der schwachen Gravitationswechselwirkung ist die Anziehung zwischen Labormassen äußerst gering (dies entspricht der Kleinheit der Gravitationskonstanten G in (2.2)). Dessen ungeachtet ist es H. Cavendish mit Hilfe einer Drehwaage gelungen (Abb. 1), die Gravitationskraft zwischen zwei Kugeln unter Laborbedingungen zu messen. Die mutige Hypothese von Newton, daß alle Körper, nicht nur die Himmelskörper, der gegenseitigen Anziehung unterworfen sind, wurde durch diesen Versuch bestätigt. In der Folge ist mit Hilfe der Methode von Cavendish die in (2.2) eingehende Konstante G zahlenmäßig bestimmt worden. Heute ist diese Konstante bis auf vier Stellen genau bekannt: $G = (6{,}673 \pm 0{,}003) \cdot 10^{-8}\,\mathrm{cm}^3 \cdot \mathrm{s}^{-2} \cdot \mathrm{g}^{-1}$. Das Experiment von Cavendish ist eines der wenigen „aktiven" Gravitationsexperimente in der Physikgeschichte. Das Gravitationsfeld wurde dabei durch Labormassen erzeugt. Die gewaltige Bedeutung dieses Experiments für die Astronomie ist unübersehbar. Aus Beobachtungen weiß man, wie sich die Erde um die Sonne bewegt. Man kann daher die Beschleunigung und aus dem zweiten Newtonschen Gesetz die wirkende Kraft ermitteln. Nun weiß man, daß diese Kraft dem Quadrat der bekannten Entfernung zur Sonne umgekehrt proportional ist. Deshalb ist es möglich, das Produkt aus Sonnenmasse und Gravitationskonstante G zu berechnen. Da die Gravitationskonstante aus dem Versuch von Cavendish bekannt ist, lassen sich sowohl Sonne als auch Erde (aus der Untersuchung der Mondbewegung) sowie Jupiter, Saturn usw. (aus der Bewegung von deren Monden) „wiegen".

Doch nicht nur in der Astronomie ist die Kenntnis der Konstanten G nützlich. Es ist eine ganze Wissenschaft entstanden, nämlich die Gravimetrie, die sich als sehr nutzbringend für solche irdischen Wissenschaften wie die Geologie herausgestellt hat. Darüber, was die Gravimetrie eigentlich ist und welcher Nutzen aus ihrer Anwendung auf der Erde und im Kosmos erwächst, wird im Anhang am Ende dieses Buches berichtet.

Wir wollen nun vom Standpunkt der Physiker des 19. und 20. Jahrhunderts, denen durch die Erforschung der Elektrizität Begriffe wie Feld und Ladung völlig vertraut waren, das Gesetz von der universellen Schwerkraft betrachten.

Wenn wir von der Anziehung zwischen zwei Körpern A und B sprechen, dann kann man sich vorstellen, daß der Körper A die Eigenschaften des Raumes in seiner Umgebung in solcher Weise verändert, daß der Körper B auf diese Veränderung des Raumes reagiert und die Anziehungskraft des Körpers A spürt und umgekehrt. Einfacher ausgedrückt, jeder Körper erzeugt um sich ein Gravitationsfeld. Wieder in Analogie zur Elektrostatik kann als Ladung die Fähigkeit eines Körpers, auf ein Feld zu reagieren, definiert werden. Die Kraft, der ein geladener Körper im gegebenen elektrostatischen Feld ausgesetzt ist, ist proportional der elektrischen Ladung dieses Körpers. Wir sind daher berechtigt, die Gravitationsladung einzuführen und sie, wie sich das auch historisch ergeben hat, als schwere Masse m_s zu bezeichnen. Man sieht, daß das Wort „Masse" an dieser Stelle nur ganz zufällig gefallen ist, und man könnte ausschließlich von der Gravitationsladung sprechen, die nun tatsächlich nichts mit der trägen Masse, von der schon die Rede war, gemein hat. Die Gravitationsladung (oder die schwere Masse) sagt etwas über den Betrag der Kraft aus, die auf die betreffenden Körper in einem gegebenen Gravitationsfeld wirkt, während die träge Masse etwas über die Beschleunigung aussagt, die ein Körper unter dem Einfluß einer wirkenden Kraft erlangt, insbesondere auch unter der Wirkung der Schwerkraft.

Das Gravitationsfeld läßt sich ähnlich dem elektrostatischen mit Hilfe eines Feldstärkevektors $\boldsymbol{E}_G$ beschreiben, der die Feldstärke als die Kraft definiert, die auf eine Einheitsgravitationsladung wirkt. Dann ist

$$\boldsymbol{F}_G = (m_s)_1 (\boldsymbol{E}_G)_2 = (m_s)_2 (\boldsymbol{E}_G)_1 . \tag{2.3}$$

Es sei hier darauf hingewiesen, daß die Feldstärke nicht von dem Körper abhängt, der dem Feld ausgesetzt wird, sondern nur von dem Körper, der das Feld erzeugt. Es taucht nun die Frage auf, mit welcher Beschleunigung $\boldsymbol{a}$ sich ein Körper im vorgegebenen Gravitationsfeld $\boldsymbol{E}_G$ bewegen wird. Unter Verwendung von (2.3) und (2.1) erhalten wir

$$\boldsymbol{a} = \frac{m_s}{m_t} \boldsymbol{E}_G . \tag{2.4}$$

Da im Versuch mit hoher Genauigkeit nachgewiesen worden ist, daß die Beschleunigungen beliebiger Körper im Schwerefeld sämtlich gleich sind, folgt daraus, daß für alle

Körper das Verhältnis m_s/m_t eine konstante Größe ist, die, wie wir schon erwähnt haben, weder von der chemischen Zusammensetzung eines Körpers noch von seiner Form, seinem Durchmesser usw. abhängt. Bei entsprechender Wahl der Maßeinheiten läßt sich dieses Verhältnis folglich zu eins machen. Es stellte sich heraus, daß die Gravitationsladung (bzw. die schwere Masse) gleich der trägen Masse ist. Was bedeutet nun diese Übereinstimmung? Es genügt, die Aufmerksamkeit darauf zu lenken, daß in der Elektrostatik, in der das Coulombsche Gesetz einen zentralen Platz einnimmt, ganz ähnlich dem universellen Schwerkraftgesetz, Ladung nichts als Ladung und Masse nichts anderes als Masse ist. Zwischen ihnen besteht keinerlei Zusammenhang. Die Körper besitzen völlig verschiedene Verhältnisse e/m_t, und für ungeladene Körper gilt durchweg $e/m_t = 0$. Wenn $m_s = m_t$ ist, dann ist aus (2.4) ersichtlich, daß

$$\boldsymbol{a}_G = \boldsymbol{g} = \boldsymbol{E}_G. \tag{2.5}$$

Da die Beschleunigung aller Körper im gegebenen Gravitationsfeld gleich ist, kann durch eben diese Beschleunigung auch das Feld charakterisiert werden. Bei geeigneter Wahl des Einheitensystems stimmt sie einfach mit der Feldstärke des Gravitationsfeldes überein. An dieser Stelle erscheint zum ersten Mal eine bestimmte Äquivalenz zwischen Gravitationsfeld und Beschleunigung, die Einstein zum Ausgangspunkt bei der Schaffung der Allgemeinen Relativitätstheorie nahm.

Am Ende dieses Kapitels angelangt, können wir ein vorläufiges Resümee ziehen. Newton, der die Aristotelische „Angst vor der Leere“ endgültig überwand, teilte dem leeren Raum die Eigenschaft zu, als Arena für die physikalischen Erscheinungen zu fungieren. Nach Newton werden alle Erscheinungen, die in Beziehung zur Gravitationswechselwirkung stehen, durch Gravitationskräfte beschrieben, die dem Gesetz von der universellen Schwerkraft gehorchen und die in diesen Raum „eingeschlossen“ sind. Diese Kräfte wirken über Entfernungen hinweg (Prinzip der Fernwirkung). Ihre Ursache blieb jedoch verborgen.

3. Die Relativität der Bewegung

Der Weg zum Verständnis der Allgemeinen Relativitätstheorie führt über die Spezielle Relativitätstheorie. Vorgreifend wollen wir jedoch etwas zum Wesen der Allgemeinen Relativitätstheorie sagen. Gemäß dieser Theorie werden die Eigenschaften der Raum-Zeit durch die Materie bestimmt: die Materie führt zur Krümmung der Raum-Zeit.

Die Bewegung der Materie ihrerseits wird durch die geometrischen Eigenschaften der Raum-Zeit selbst festgelegt. Die Gravitationswechselwirkung ist nun nichts anderes als die beobachtbare Erscheinung der gekrümmten Raum-Zeit.

Nehmen wir einmal an, daß keine Materie, die zu einer Krümmung der Raum-Zeit führen könnte, vorhanden ist. Wie sieht dann die entsprechende Raum-Zeit aus? Und warum sprechen wir von einer Raum-Zeit und nicht von Raum und Zeit?

Wie wir aus dem vorhergehenden Kapitel wissen, war Newton der Ansicht, daß als „Arena“, in der die Naturerscheinungen stattfinden, der absolute Raum fungiert. Aber bereits Galilei hatte erkannt, daß die Bewegung relativen Charakter besitzt: es hat nur Sinn, von der Bewegung eines Körpers als Verschiebung relativ zu einem anderen zu sprechen. Das von Galilei formulierte Relativitätsprinzip lautet: Mechanische Bewegungen verlaufen in zwei Bezugssystemen, die sich relativ zueinander geradlinig und gleichförmig bewegen, völlig gleich. Mit anderen Worten, die Erfahrung sagt nichts über die Existenz eines absoluten Raumes aus. Galilei hat zudem das Trägheitsgesetz formuliert (das erste Newtonsche Postulat): Ein Körper setzt seine geradlinige und gleichförmige Bewegung so lange fort, bis die Resultierende der äußeren auf den Körper wirkenden Kräfte gleich Null ist. Das bedeutet aber, daß der absolute Raum jeden Sinn verliert, da Bewegung relativ zu diesem nicht einmal prinzipiell meßbar ist. Nehmen wir einmal an, mit ein und demselben Körper finden zwei Ereignisse statt. Es entbehrt nun jeden Sinns, zu fragen, ob diese Ereignisse an ein und demselben Ort stattgefunden haben. Ein Beobachter, der sich mit diesem Körper mitbewegt, wird nämlich die Frage ent-

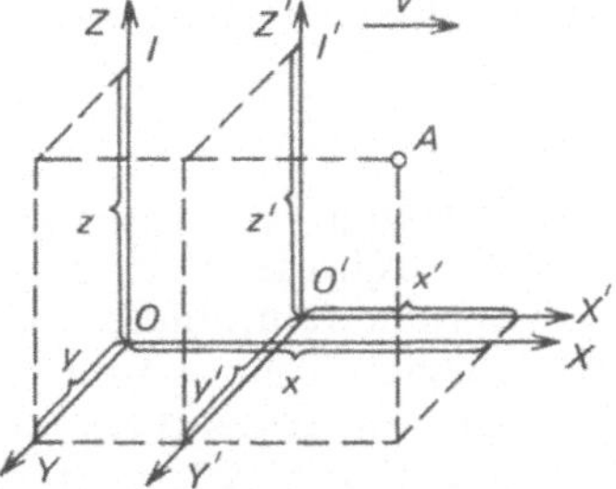

Abb. 2. Zwei Inertialsysteme I und I', die sich relativ zueinander mit der Geschwindigkeit v entlang der Achse OX bewegen. A ist ein Ereignis mit den räumlichen Koordinaten x, y, z sowie der Zeit t in I und den räumlichen Koordinaten x', y', z' sowie der Zeit t' in I'

schieden bejahen, während ein beliebiger anderer Beobachter, der sich relativ zu dem ersten geradlinig und gleichförmig bewegt, natürlich eine verneinende Antwort geben wird. Das Relativitätsprinzip von Galilei besteht gerade darin, daß sowohl der erste als auch der zweite Beobachter völlig gleichberechtigt sind und gleiches Vertrauen verdienen.

Wenn man von der Erfahrung ausgeht, ist deshalb bereits im Rahmen der Newtonschen Mechanik ein ausgezeichnetes Bezugssystem, das sich in Ruhe gegen den absoluten Raum befindet, durch eine unendliche Menge von Inertialsystemen zu ersetzen, d. h. durch Systeme, in denen die Gesetze der Newtonschen Dynamik gelten. Inertialsysteme bewegen sich relativ zueinander gleichförmig und geradlinig und sind vollkommen gleichberechtigt.

Wir wollen zwei inertiale Bezugssysteme I und I' betrachten. I' bewegt sich relativ zu I mit der Geschwindigkeit $\boldsymbol{v}$ entlang der Achse OX (Abb. 2). In jedem Bezugssystem ist ein Ereignis durch die drei räumlichen Koordinaten (x, y, z in I und x', y', z' in I') und die Zeitpunkte (t in I, t' in I') charakterisiert. Die Beziehungen zwischen x, y, z, t und x', y', z', t' werden durch Formeln angegeben, die als Galileitransformationen bezeichnet werden:

$$x' = x - vt, \quad y' = y, \quad z' = z, \quad t' = t. \tag{3.1}$$

Die letzte Gleichung spiegelt die Absolutheit der Zeit wider: Die Zeit ist in allen Inertialsystemen identisch. Aus (3.1) folgt gemäß der klassischen Mechanik insonderheit, daß die Geschwindigkeit eines Körpers relativ zu I' (wir bezeichnen diese durch u') mit der Geschwindigkeit desselben Körpers bezüglich I (bezeichnet durch u) durch eine einfache Beziehung verknüpft ist, die das klassische Gesetz der Geschwindigkeitsaddition widerspiegelt:

$$u' = \frac{\mathrm{d}x'}{\mathrm{d}t'} = \frac{\mathrm{d}(x - vt)}{\mathrm{d}t} = \frac{\mathrm{d}x}{\mathrm{d}t} - v = u - v. \tag{3.2}$$

Wenn nun in den Gleichungen des zweiten Newtonschen Gesetzes ($F_x = m\ddot{x}$ usw.) die x, y, z, t durch die x', y', z', t' unter Verwendung von (3.1) ersetzt werden, dann bleibt die Form der Gleichung erhalten. In solchen Fällen spricht man davon, daß eine Gleichung invariant gegenüber der Galileitransformation ist. Die Invarianz aller Newtonschen Gesetze gegenüber den Transformationen (3.1) ist einfach eine andere Formulierung des klassischen Relativitätsprinzips.

Die Erfolge der Newtonschen Mechanik bei der Beschreibung aller bekannten mechanischen Bewegungen einschließlich der Planetenbewegungen begünstigten den Umstand, daß die Newtonschen Vorstellungen über Raum und Zeit keinem Zweifel ausgesetzt waren bis hin zum 19. Jahrhundert, als sich die Physiker der Untersuchung einer völlig neuen Klasse von Erscheinungen zuwandten, die die Grundlage für die von Maxwell und Faraday geschaffene Theorie des Elektromagnetismus bildeten. Als Maxwell seine berühmten Gleichungen aufgeschrieben hatte, die alle elektromagnetischen Erscheinungen beschreiben, machte er eine bedeutsame Entdeckung: Die elektromagnetische Wechselwirkung kann sich in Form von Wellen ausbreiten, deren Ausbreitungsgeschwindigkeit einen wohlbestimmten Wert besitzt, nämlich 300 000 km/s, d. h., sie ist gleich der Lichtgeschwindigkeit. Es tauchte sofort die Frage auf, worauf sich diese Geschwindigkeit bezieht. Bei dem Versuch, diese Frage zu beantworten, entwickelte man die Vorstellung eines sog. Lichtäthers, d. h., man betrachtete ein hypothetisches Medium, in dem (und folglich auch relativ zu dem) sich die elektromagnetischen Wellen ausbreiten. In gewissem Sinne bedeutete das die Rückkehr zur Vorstellung vom absoluten Raum. Tatsächlich ist ja nun dasjenige Inertialsystem, das sich bezüglich des Äthers in Ruhe befindet, unter allen anderen Inertialsystemen ausgezeichnet, und als absolute Bewegung kann man die Bewegung relativ zu diesem Bezugssystem verstehen.

Michelson und Morley führten 1887 das wichtigste Experiment zum Nachweis der Erdbewegung relativ zum „Lichtäther“ durch (Abb. 3). Das Experiment von Michelson und Morley spielte eine sehr wichtige Rolle bei der

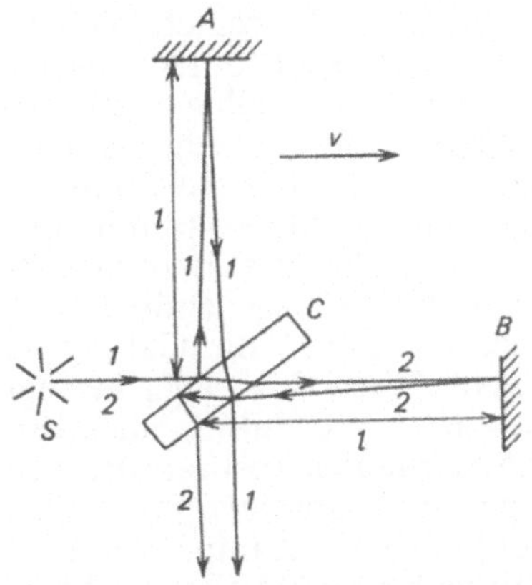

Abb. 3. Schematische Darstellung des Michelson-Morley-Versuches.
A, *B* Spiegel, *C* halbdurchlässiger Spiegel, *S* Quelle, *1*, *2* interferierende Strahlen, $v = 30$ km/s Geschwindigkeit der Erde relativ zur Sonne

Entwicklung aller nachfolgenden Vorstellungen über Raum und Zeit. Deshalb wollen wir mit wenigen Worten auf dieses Experiment eingehen. Das Licht einer Quelle wird mit Hilfe von Spiegeln in zwei Lichtbündel aufgespalten, die sich senkrecht zueinander ausbreiten. Nachdem sie von anderen Spiegeln reflektiert worden sind, kehren die Strahlen zurück und interferieren miteinander. Würde sich die Erde relativ zum „Lichtäther" bewegen, dann müßte die Zeit t_1, die das Licht zur Ausbreitung von dem halbdurchlässigen Spiegel *C* bis zum Spiegel *A* (s. Abb. 3) und zurück benötigt, verschieden von der Zeit t_2 sein, während der sich das Licht vom Spiegel *C* zum Spiegel *B* und zurück ausbreitet. Davon kann man sich leicht überzeugen, wenn man annimmt, daß sich das Licht „relativ zum Äther" mit der Geschwindigkeit c ausbreitet und sich alle Spiegel ebenfalls „relativ zum Äther" mit der Geschwindigkeit v bewegen. Die elementare Berechnung der Zeitdifferenz $\Delta t = t_1 - t_2$ überlassen wir dem Leser. Die Ankunft der Wellenfronten zu verschiedenen Zeiten führt zu einer Verschiebung des Interferenzbildes im Vergleich zu dem Fall, daß das Gerät „relativ zum Äther" ruht. Michelson und Morley beschlossen, ihr Interferometer während des Meßprozesses gleichmäßig rotieren zu lassen. Würde sich die Erde wirklich gegenüber dem Äther bewegen, dann müßten sich die Interferenzstreifen (aufgrund der Rotation des Interferometers) periodisch verschieben. Sie erreichten eine hervorragende Genauigkeit, aber sie konnten keine Verschiebung des Interferenzbildes registrieren.

Wie dieses „negative" Ergebnis des Experiments zu

erklären sei, wußte zu jener Zeit niemand. Freilich blieb als „rettender“ Gedanke, daß gerade in jenem Moment, als das Experiment durchgeführt wurde, die Erde zufällig gegenüber dem Äther ruhte. Die Messungen wurden sechs Monate später, als sich die Erde auf ihrer Bahn um die Sonne in entgegengesetzter Richtung bewegte, wiederholt – mit dem gleichen Resultat. Das Negativergebnis des Experiments erschien als Paradoxon: Wenn die Erde gegenüber dem Äther ruhte, dann bewegte sich die Sonne, die Galaxis, ja der gesamte Kosmos relativ zum Äther, d. h., alles bewegt sich um die Erde! Und dies nun 300 Jahre, nachdem Giordano Bruno auf dem Scheiterhaufen verbrannte, weil er nicht der Lehre des Kopernikus abschwören wollte, die dem geozentrischen Weltbild den Kampf angesagt hatte. Bei dem Versuch, das Ergebnis des Michelson-Morley-Experiments zu erklären, stellten Fitzgerald und Lorentz die Hypothese von der sog. longitudinalen Maßstabsverkürzung bewegter Körper auf. Im Rahmen dieser Hypothese gelang es, zu erklären, warum in dem Michelson-Morley-Experiment keine Verschiebung des Interferenzbildes beobachtet werden konnte: Die Entfernungen entlang der zwei senkrecht zueinander stehenden Richtungen (s. Abb. 3) ändern sich im Verlauf der Drehung der gesamten Apparatur auf solche Weise, daß sich die Zeitdifferenz als exakt gleich Null herausstellt.

Damit erklärte man das negative Ergebnis des Experiments von Michelson und Morley, doch entstand dabei ein neues Problem, mit dessen Lösung sich H. Poincaré beschäftigte: Worin liegt die physikalische Ursache für die Änderung der Längenmaße bewegter Körper begründet? Warum findet eine derartige „Verkürzung“ längs der Bewegung in allen Inertialsystemen statt, nicht aber in dem ausgezeichneten, das gegenüber dem Weltäther ruht?

Ganz anders ging H. Hertz an die Erklärung des Michelson-Morley-Versuches heran. Er nahm an, daß der Äther von den bewegten Körpern mitgeführt wird, so daß die Laborexperimente prinzipiell keine Bewegung relativ zum Äther nachweisen können. Andere physikalische Versuche[1] zeigten jedoch, daß diese Hypothese nicht richtig war.

---

[1]Ohne auf Einzelheiten einzugehen, erwähnen wir nur, daß hier die Aberration des Lichtes und der Fizeausche Versuch gemeint sind. Worum es sich dabei handelt, kann der interessierte Leser beispielsweise aus dem Buch von A. Einstein und L. Infeld „Die Evolution der Physik“ erfahren (Rowohlt-Verlag, Hamburg 1956).

Wie wir jetzt wissen, war für die endgültige Auflösung dieses Paradoxons eine Überprüfung der Grundvorstellungen über Raum und Zeit notwendig.

Eben diesen Weg eines Überdenkens der Grundlagen beschritt Einstein, der Schöpfer der Speziellen Relativitätstheorie. Im Unterschied zu H. Lorentz, J. Fitzgerald, H. Poincaré u. a. beschränkte er sich nicht auf das konkrete Ziel, nur das Negativresultat des Michelson-Morley-Experiments zu erklären. Die Logik seiner Schlußfolgerungen war etwa folgendermaßen: Das Relativitätsprinzip, wie es von Galilei für die mechanischen Erscheinungen lange vor der Entdeckung des Elektromagnetismus formuliert worden war, auf die elektromagnetischen Erscheinungen auszudehnen war nach Einstein ein völlig natürliches Anliegen. In seiner allerersten Arbeit zur Speziellen Relativitätstheorie führt Einstein das folgende einfache Beispiel an. Man betrachte einen Leiter und einen Magneten, die sich relativ zueinander mit konstanter Geschwindigkeit bewegen. In dem Bezugssystem, in dem sich der Magnet bewegt und der Leiter ruht, entsteht gemäß den Maxwellschen Gesetzen ein elektrisches Feld, das in dem Leiter einen Strom erzeugt. In dem anderen Bezugssystem, in dem sich der Leiter bewegt und der Magnet ruht, existiert kein elektrisches Feld um den Magneten. Doch in dem Leiter wird wegen der Lorentzkraft eine elektromotorische Kraft erzeugt, die auf die sich gemeinsam mit dem Leiter bewegenden freien Ladungen wirkt. Im Ergebnis fließen in beiden Bezugssystemen völlig gleiche Ströme. Und man könnte eine Vielzahl solcher Beispiele anführen. Kurz gesagt, alles deutet darauf hin, daß das Relativitätsprinzip auch für alle elektromagnetischen und nicht nur für die mechanischen Erscheinungen Gültigkeit besitzt. Wir wissen jedoch bereits vom Beispiel der Gleichungen für das zweite Newtonsche Gesetz, daß dies der Invarianz der Maxwellschen Gleichungen gegenüber den Galileitransformationen entspricht. Die unmittelbare Überprüfung zeigte jedoch, daß eine solche Invarianz nicht besteht. Aber die Physiker, die die Galileitransformationen auf die Variablen anwendeten, die in die Maxwellschen Gleichungen eingehen, konnten sich davon überzeugen, daß diese Gleichungen nur in einem ausgezeichneten inertialen Bezugssystem gültig sind, nämlich in einem System, gegenüber dem die Ausbreitungsgeschwindigkeit der elektromagnetischen Wellen exakt den Wert c annimmt (im System, das relativ zum „Äther“ ruht). Lorentz fand nun solche Transformationen der in die Maxwellschen Gleichungen eingehenden Variablen, gegenüber denen die Gleichungen invariant sind. Diese Transformationen werden heute „Lorentztransformationen“ genannt, obwohl Lorentz selbst ihnen nur einen rein formalen mathematischen Sinn zuschrieb. Der physikalische Gehalt dieser Transformationen blieb damals unentdeckt.

Damit stand man vor der Wahl, entweder auf das oben formulierte Relativitätsprinzip zu verzichten oder die Maxwellsche Theorie durch die Einführung zusätzlicher Annahmen über die Eigenschaften des Äthers (d. h. des absoluten Raumes) zu modifizieren oder nicht länger die Gültigkeit der Galileitransformationen zu fordern. Letzteres bedeutete den Verzicht auf jene gewohnten Vorstellungen von Raum und Zeit, aus denen so eindeutig die Galileitransformationen folgten. Einstein verstand als erster, daß noch vor dem gesunden Menschenverstand das Experiment als unbestechlicher Richter den Schuldspruch gerade über die Galileitransformationen gefällt hatte und nicht über das Relativitätsprinzip oder die Maxwellsche Elektrodynamik. In allen Experimenten, die nichts mit dem Versuch, die absolute Bewegung zu entdecken (d. h. die Bewegung gegen den Äther), zu tun hatten, „funktionierten“ die Maxwellschen Gleichungen in hervorragender Weise. Sie sagten die Ergebnisse aller entsprechenden Experimente voraus. Deshalb bezweifelte Einstein in erster Linie die Galileitransformationen und wandte sich den unmittelbar damit zusammenhängenden Grundvorstellungen zu, nämlich solchen Fragen, wie es um die Gleichzeitigkeit und die Beziehung zwischen räumlichen und zeitlichen Intervallen in verschiedenen inertialen Bezugssystemen bestellt ist. Dabei rüstete sich Einstein mit zwei Postulaten aus, die auf der Gesamtheit der experimentellen Ergebnisse basierten. Hier sind sie nun, die zwei Postulate, die ausreichten, das großartige Gebäude der Speziellen Relativitätstheorie zu errichten:

1. Das Relativitätsprinzip: Alle physikalischen Erscheinungen verlaufen in gleicher Weise in allen inertialen Bezugssystemen. Das bedeutet, daß es unsinnig ist, von einer absoluten Bewegung oder über den Äther zu sprechen, da kein Experiment existiert, mit dessen Hilfe man die Bewegung eines Beobachters relativ zum Äther bestimmen kann.

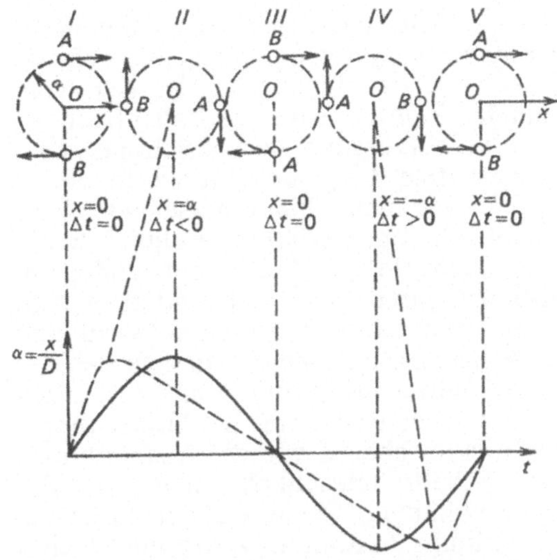

Abb. 4. Überprüfung der Unabhängigkeit der Lichtgeschwindigkeit von der Geschwindigkeit der Quelle in Doppelsternen.
α Winkelabstand des Sterns A vom unbeweglichen Schwerpunkt O des Doppelsternsystems aus den Sternen A und B, D Entfernung zur Erde. Die durchgezogene Kurve (Sinuskurve) ergibt sich, wenn die Lichtgeschwindigkeit von der Geschwindigkeit der Quelle unabhängig ist. Würde dagegen das klassische Additionsgesetz der Geschwindigkeiten gelten, so ergäbe sich die gestrichelte Kurve, die der Sinuskurve vorauseilt ($\Delta t > 0$) bzw. hinter ihr zurückbleibt ($\Delta t < 0$). Die Beobachtungen stimmen nicht mit der gestrichelten Kurve überein

2. Die Lichtgeschwindigkeit ist endlich und in allen inertialen Bezugssystemen gleich. Sie hängt nicht von der Geschwindigkeit der Quelle ab und ist die Grenzgeschwindigkeit für die Ausbreitung jedweden Signals.

Die Unabhängigkeit der Lichtgeschwindigkeit von der Geschwindigkeit der Quelle widerspricht zunächst scheinbar der Regel von der Addition der Geschwindigkeiten in der Newtonschen Mechanik. Wenn sich die Lichtquelle auf den Beobachter mit der Geschwindigkeit v zubewegt, und die Geschwindigkeit des abgestrahlten Lichtes relativ zur Quelle ist gleich c, so sollte man meinen, daß sich das Licht relativ zum Beobachter mit der Geschwindigkeit $c + v$ ausbreitet. Doch viele astronomische Beobachtungen, darunter die Beobachtungen von Doppelsternen, haben diese Schlußfolgerung widerlegt. Wenn für das Licht ein solch einfaches Additionstheorem der Geschwindigkeiten gelten würde, dann würde das Licht, das von einer Komponente eines Doppelsternsystems ausgestrahlt wird, die sich auf den Beobachter zubewegt, das Licht von der sich vom Beobachter entfernenden Komponente überholen (Abb. 4). Wenn man diesen Überholvorgang berücksichtigt, dann müßte sich die gegenseitige Lage der Sterne in einem Doppelsystem merklich von dem Bild unterscheiden, das wir aufgrund der Beobachtungen erhalten. Folglich findet ein solches Überholen nicht statt, und es ist notwendig, auf das klassische Additionstheorem der Geschwindigkeiten zu verzichten. Wenn das so ist, dann scheint es notwendig zu sein, den Begriff des Äthers als ein Medium, in dem sich das Licht ähnlich der Schallwellen in der Luft ausbreiten kann, einzuführen. In diesem Fall wäre die Ausbreitungsgeschwindigkeit des Lichtes ebenso wie die Ausbreitungsgeschwindigkeit des Schalls tatsächlich nicht von der Bewegung der Quelle abhängig, sondern allein durch die Eigenschaften des Mediums bestimmt. Wenn ein solches Medium existierte, dann würde ein Beobachter, der sich relativ zu diesem Medium (Äther) bewegt, in Übereinstimmung mit dem klassischen Additionstheorem der Geschwindigkeiten eine Änderung der Lichtgeschwindigkeit beobachten. Die Existenz eines Äthers ist aber durch das Experiment von Michelson und Morley ausgeschlossen worden. Folglich widersprechen die astronomischen Beobachtungen von Doppelsternen und das Ergebnis des Michelson-Morley-Experiments zusammengenommen dem Additionstheorem für die Geschwindigkeiten (3.2). Das Gesetz von der Addition der Geschwindigkeiten, wie es in der Newtonschen klassischen Mechanik verwendet wird, ist eine direkte Konsequenz der absoluten Zeit, worüber wir schon bei der Behandlung der Galileitransformationen (3.1) gesprochen haben. Nunmehr ist klar, daß der von Einstein gewählte Weg, nämlich die Analyse der fundamentalen Eigenschaften von Raum und Zeit, insbesondere des Begriffs der Gleichzeitigkeit, von der Gesamtheit aller Versuchsergebnisse diktiert war.

Es muß an dieser Stelle erwähnt werden, daß zu Zeiten Einsteins, als die Postulate der Speziellen Relativitätstheorie formuliert wurden, weder die schwache noch die starke Wechselwirkung bekannt waren. Vom heutigen Standpunkt aus stellten diese Postulate, die sich allein auf mechanische und elektromagnetische Erscheinungen gründeten (die experimentelle Bestätigung der Maxwellschen

Theorie, der Michelson-Morley-Versuch, die Unabhängigkeit der Lichtausbreitung von der Geschwindigkeit der Quelle usw.), eine recht mutige Hypothese dar. (Darin besteht auch der qualitative Unterschied eines beliebigen physikalischen Prinzips oder Postulats gegenüber denjenigen experimentellen Fakten, auf denen dieses Prinzip basiert.) Allein, die gesamte nachfolgende Entwicklung der Physik hat die Spezielle Relativitätstheorie bestätigt. Bisher sind die Physiker nicht ein einziges Mal mit Experimenten konfrontiert worden, bei denen die Notwendigkeit entstanden wäre, von den Prinzipien der Speziellen Relativitätstheorie abzuweichen bzw. das Gebiet der Erscheinungen, in dem sie gültig sind, zu modifizieren oder einzuschränken.

Was folgt nun aus den Postulaten der Speziellen Relativitätstheorie? Eine der erstaunlichsten Schlußfolgerungen daraus ist sicher, daß die Zeit in verschiedenen Bezugssystemen unterschiedlich „vergeht". Mit anderen Worten, in denjenigen Transformationen, die die Galileitransformationen (3.1) ablösen, d. h. in den Lorentztransformationen, ändern sich beim Übergang von einem Inertialsystem in ein anderes nicht nur die Koordinaten, sondern auch die Zeit. Insbesondere folgt daraus die Relativierung des Begriffs der Gleichzeitigkeit: Zwei Ereignisse, die in den Augen des Beobachters, der in dem einen Inertialsystem ruht, gleichzeitig stattfinden, können in einem anderen Inertialsystem zu verschiedenen Zeitpunkten stattfinden. Der Begriff der Gleichzeitigkeit spielt jedoch bei einigem Nachdenken eine sehr wichtige Rolle bei der Beschreibung einer beliebigen mechanischen Bewegung.

Was heißt denn eigentlich, die Bewegung eines Körpers zu beschreiben? Das bedeutet, daß ihm Koordinaten in einem Bezugssystem als Funktionen der Zeit zugeordnet werden. Hierbei treffen wir aber sofort auf den Gleichzeitigkeitsbegriff: Die Annahme, daß zum Zeitpunkt t der Körper die Koordinaten x, y, z besitzt, heißt nämlich, daß in dem Augenblick (gleichzeitig), in dem sich der Körper an dem Ort mit den genannten Koordinaten befindet, die Uhr des sich bezüglich des gewählten Bezugssystems in Ruhe befindenden Beobachters die Zeit t anzeigt. Wir wollen dies mit Hilfe eines einfachen Beispiels verdeutlichen. Angenommen, wir besitzen eine elektronische Armbanduhr. Wir sprechen davon, daß wir um 18.00 Uhr Besuch bekommen haben, wenn gleichzeitig mit dem Läuten der Türklingel auf dem Anzeigefenster der Uhr die Ziffern 17.59 durch 18.00 ersetzt worden sind. Wenn wir uns zum Zeitpunkt, als die Türklingel ertönte, nahe genug bei der Tür aufgehalten haben, wird niemand die Behauptung der Gleichzeitigkeit beider Ereignisse in Zweifel ziehen.

Wir wollen nun eine kompliziertere Situation betrachten. Angenommen, auf dem Mond ist ein Raumschiff gelandet. Was bedeutet in diesem Fall die Aussage, daß dies um 18.00 Uhr Moskauer Zeit geschehen ist? Man könnte sich natürlich auf die Uhr des Kosmonauten verlassen, der diese vor seinem Start von der Erde mit anderen Uhren verglichen hat. Doch woher können wir die Gewißheit nehmen, daß im Verlaufe von Start, Flug und Mondlandung diese Uhr weder vor- noch nachgegangen ist? Folglich müssen wir, bevor wir über die Gleichzeitigkeit zweier Ereignisse in entfernten Raumpunkten sprechen, eine Möglichkeit aufzeigen, die Uhren miteinander zu vergleichen bzw. – wissenschaftlich gesprochen – sie zu synchronisieren. Dafür ist ein Signal mit bekannter Ausbreitungsgeschwindigkeit notwendig. Elektromagnetische Wellen, insbesondere das Licht, sind am besten für die Rolle eines solchen Signals geeignet. Ihre Ausbreitungsgeschwindigkeit ist eine physikalische Fundamentalkonstante, die weder von den Eigenschaften der Quelle (Sender) noch des Empfängers abhängt.

Nun also einige Worte zur Synchronisation von Uhren.

Angenommen, von der Erde wird ein Signal zum Mond zum Zeitpunkt t_E ausgesendet. t_E wird auf der Erde mit Hilfe einer Uhr, die sich direkt neben dem Sender befindet, gemessen. Wir nehmen weiter an, daß zum Zeitpunkt t_M nach einer Uhr, die auf dem Mond installiert ist, das Lichtsignal von einem Spiegel auf der Mondoberfläche reflektiert wird und danach zur Erde zurückkehrt. Das Signal möge auf der Erde zum Zeitpunkt t'_E (nach der irdischen Uhr registriert) wieder eintreffen. Die Uhren laufen synchron, wenn

$$t_M - t_E = t'_E - t_M. \tag{3.3}$$

Dabei ist nach dem zweiten Einsteinschen Postulat (wenn L die Entfernung zwischen Erde und Mond bezeichnet)

$$c = \frac{2L}{t'_E - t_E} \tag{3.4}$$

eine Fundamentalkonstante ($c = 300\,000$ km/s, Lichtge-

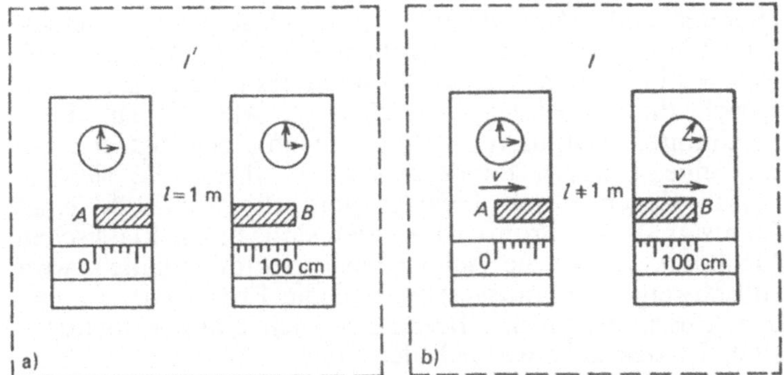

Abb. 5. Messung der Länge eines bewegten Stabes.
a) Zu einem fixierten Zeitpunkt auf den Uhren, die im Bezugssystem I' (in dem der Stab ruht) synchronisiert worden sind, stimmt das linke Ende A des Stabes mit dem Nullpunkt eines bezüglich I' festen Lineals überein, und das rechte Ende B stimmt mit der 100-cm-Markierung überein.
b) In dem Bezugssystem I, relativ zu dem sich der Stab AB mit einer Geschwindigkeit v bewegt, fällt der Zeitpunkt, zu dem A mit dem Nullpunkt eines bezüglich I festen Lineals übereinstimmt, nicht mit dem Zeitpunkt zusammen, zu dem B mit der 100-cm-Markierung übereinstimmt

schwindigkeit im Vakuum). Damit bedeutet die Gleichzeitigkeit zweier Ereignisse (wir wollen sie mit A und B bezeichnen), die relativ zueinander unbewegt sind, die aber in verschiedenen Raumpunkten stattfinden, die identische Anzeige synchronisierter Uhren, von denen sich eine am Ort des Ereignisses A und die andere am Ort des Ereignisses B befindet.

Wie steht es nun aber um die Gleichzeitigkeit zweier Ereignisse, von denen eines auf der Erde und das andere in einem vorbeifliegenden Raumschiff stattfindet, d. h. von Ereignissen in verschiedenen Inertialsystemen. Wir wollen in diesem Zusammenhang gleich noch klären, wie es um die Längenmessung z. B. eines starren Körpers bestellt ist.

Man sollte denken: „Nichts einfacher als das!" Dies ist aber nur für den Fall richtig, daß sich der Körper (Stab) relativ zu dem Bezugssystem, in dem seine Länge gemessen werden soll, in Ruhe befindet. Nehmen wir jedoch einmal an, daß er sich in Richtung der Achse OX mit der Geschwindigkeit v bewegt (d. h., er befindet sich relativ zu dem System I' in Ruhe) (Abb. 5). Der Beobachter im System I' bestimmt die Länge des Stabes, indem er eine entsprechende Meßlatte anlegt. Die auf diese Weise gemessene Länge sei gleich l. Der Beobachter im System I soll nun bestimmen, in welchen Punkten des ruhenden Systems I sich die Stabenden A und B (s. Abb. 5) zu einem bestimmten Zeitpunkt t befinden. Dafür benötigt er nicht nur eine, sondern mindestens zwei Uhren, die sich an verschiedenen Orten befinden und die mit Hilfe eines Lichtsignals synchronisiert worden sind. In der klassischen Mechanik, in der die Galileitransformationen gelten, wird stillschweigend vorausgesetzt, daß die Ergebnisse der beiden Messungen in den Bezugssystemen I und I' identisch sind. Ist das aber wirklich der Fall?

Wir nehmen an, daß an jedem der beiden Stabenden eine Uhr befestigt ist: U_A und U_B. Aus der Sicht des ruhenden Beobachters, d. h. in bezug auf das System I, sollen die Uhren U_A und U_B gleiche Zeit anzeigen, also synchronisiert sein. Das bedeutet, daß die Zeitanzeige der bewegten Uhr U_A mit der Anzeige der ruhenden Uhr, an der die Uhr A im Moment t vorbeifliegt, übereinstimmt. Die Anzeige der Uhr U_B fällt ihrerseits mit der Anzeige der anderen ruhenden Uhr zusammen, die sie im gleichen Moment passiert. Beide ruhenden Uhren sollen ja synchronisiert sein.

Werden nun in diesem Fall die Uhren U_A und U_B auch aus der Sicht des Beobachters im System I', das sich gemeinsam mit dem auszumessenden Stab bewegt, synchronisiert sein? Wenn ja, dann stimmt die Länge des bewegten Stabes mit der Länge des ruhenden überein. Wenn dies dagegen nicht der Fall sein sollte, dann bliebe die Frage nach der Länge des bewegten Stabes offen, und wir müßten uns damit abfinden, daß nicht alles so einfach ist, wie es auf den ersten Blick scheint.

Angenommen also, der Beobachter, der sich gemeinsam mit dem betreffenden Stab fortbewegt und sich dabei an dem einen Ende A des Stabes befindet, sendet im Moment t_A, gemessen mit der Uhr U_A, ein Signal in Richtung B aus. Zum Zeitpunkt t_B, gemessen mit der Uhr U_B, wird dieses Signal von einem Spiegel bei B reflektiert und erreicht im Moment t'_A, gemessen mit der Uhr U_A, wieder seine Ausgangsposition beim Beobachter. Wenn wir die Gültigkeit des Postulats von der Konstanz der Lichtgeschwindigkeit nicht in Frage stellen, dann erhalten wir offensichtlich

$$t_B - t_A = \frac{l}{c - v} \quad \text{und} \quad t'_A - t_B = \frac{l}{c + v}. \tag{3.5}$$

Damit ist $t_B - t_A \neq t'_A - t_{B'}$ und vom Standpunkt des Beobachters im System I' sind die Uhren U_A und U_B nicht synchronisiert, obwohl für den Beobachter in I das Gegenteil der Fall ist. Mit anderen Worten, wir haben uns überzeugen können, daß der Begriff der Gleichzeitigkeit nicht absolut ist, sondern von der Wahl des Bezugssystems abhängt. Dies ist eine völlig andere Situation als in der klassischen Mechanik, wo stillschweigend die Absolutheit des Gleichzeitigkeitsbegriffs vorausgesetzt wurde (und damit die Absolutheit der Zeit überhaupt). Letzteres wäre nur richtig, wenn die Geschwindigkeit des Signals, das für die Synchronisation der Uhren benötigt wird, unendlich groß wäre ($c \to \infty$). Solche Signale gibt es in der Natur nicht, lautet das zweite Postulat der Speziellen Relativitätstheorie.

Damit wurde also bei der Anwendung der Galileitransformationen, die die Absolutheit der Zeit und insbesondere der Gleichzeitigkeit voraussetzen, implizit die Existenz von Signalen mit unendlich großer Ausbreitungsgeschwindigkeit in der Natur angenommen. Die Maxwellsche Theorie schließt dagegen die Endlichkeit der Lichtgeschwindigkeit organisch ein, und die Überprüfung des Begriffs der Gleichzeitigkeit steht zu dieser Theorie in keinem Widerspruch. Deshalb hat Einstein des öfteren darauf hingewiesen, daß die gesamte Relativitätstheorie, die sich auf die Maxwellsche Theorie stützt und die klassische Mechanik einer Überprüfung unterzieht, ihrem Wesen nach aus der Theorie des elektromagnetischen Feldes folgt.

Durch seine tiefgehende Analyse der Zeit- und Längenmessungen konnte Einstein die entsprechenden Transformationen der Koordinaten und der Zeit beim Übergang von einem Bezugssystem zu einem anderen ableiten. Im Grenzfall sehr kleiner Geschwindigkeiten ($v/c \ll 1$) unterscheiden sich die von Einstein gefundenen Transformationen nur wenig von den Galileitransformationen. Wir erinnern daran, daß die Einsteinschen Transformationen aus dem Postulat von der Endlichkeit der Ausbreitungsgeschwindigkeit des Lichtes und aus dem auf alle physikalischen Erscheinungen erweiterten Relativitätsprinzip folgen. Deshalb sind die Maxwellschen Gleichungen, wie zu erwarten ist, invariant gegenüber diesen Transformationen, d. h., diese Transformationen sind nichts anderes als die Lorentztransformationen. Einstein hat also anstelle der Galileitransformationen gerade solche Transformationen der Koordinaten und der Zeit erhalten, gegenüber denen, wie bereits von Lorentz gezeigt worden war (allerdings ohne diesen Transformationen einen physikalischen Sinn zuzuschreiben), die Maxwellschen Gleichungen invariant sind. Die Spezielle Relativitätstheorie hat dagegen diesen Transformationen einen vollkommen klaren physikalischen Inhalt gegeben. Sie hat gezeigt, daß dies die Transformationen der Koordinaten und der Zeit sind, die beim Übergang von einem Inertialsystem zu einem anderen auszuführen sind. Insbesondere stellte sich heraus, daß bewegte Uhren immer langsamer als ruhende gehen.

Aber ist das nicht ein Widerspruch zu dem ersten Postulat der Speziellen Relativitätstheorie, das besagt, daß die Beobachter in verschiedenen Inertialsystemen völlig gleichberechtigt sind? In Wirklichkeit hat es mit dem ersten Postulat seine uneingeschränkte Richtigkeit. Der Beobachter, wir wollen ihn mit A bezeichnen, der relativ zum Inertialsystem I ruht, ist der Meinung, daß die Uhren im System I' langsamer als die in seinem eigenen System installierten gehen. Der Beobachter A', in Ruhe relativ zum System I', dem gegenüber sich der Beobachter A in Bewegung befindet, ist dagegen der Meinung, daß die Uhren des Beobachters A zurückbleiben. Kann es denn so etwas überhaupt geben? Obwohl A und A' völlig gleichberechtigt sind, gewinnt man den Eindruck, daß einer von beiden lügt, wobei nicht klar wird, wer. Es entsteht ein Paradoxon. Um zu klären, für welchen Beobachter tatsächlich mehr Zeit vergangen ist (wer z. B. stärker gealtert ist, ein Kosmonaut in einer Rakete oder sein Zwillingsbruder auf der Erde), müssen jedoch unbedingt unbewegte Uhren verglichen werden, und dazu muß eines der Bezugssysteme abgebremst werden. Die Gleichberechtigung der Bezugssysteme wird dabei zerstört: eines von ihnen ist ein inertiales, während das andere zumindest zeitweise zum beschleunigten wird. (Dem Leser, der sich mit dieser Frage eingehender beschäftigen möchte, empfehlen wir das Buch von D. W. Skobelzyn, Das Zwillingsparadoxon in der Relativitätstheorie, Berlin: Akademie-Verlag 1972.)

Es gibt noch ein weiteres scheinbares Paradoxon! Angenommen, relativ zu einem Inertialsystem fliegt ein Körper mit der Geschwindigkeit $u = (3/4)c$, und diesem entgegen bewegt sich ein anderer Körper mit der gleichen Geschwindigkeit $v = -(3/4)c$. Dann folgt aus dem klassischen Gesetz der Geschwindigkeitsaddition (3.2), daß sich die Körper mit einer Relativgeschwindigkeit von $(3/2)c > c$ aufeinander zubewegen. Widerspricht dies nicht dem zweiten Postulat, demzufolge keine Bewegung existiert, die schneller als die Lichtgeschwindigkeit ist? Tatsächlich ist dies nicht der Fall. In der Speziellen Relativitätstheorie, in der die Zeit nicht mehr als absolut betrachtet wird, hat das Gesetz der Geschwindigkeitsaddition eine andere Form:

$$u' = \frac{u - v}{1 - uv/c^2} \tag{3.6}$$

(vgl. mit (3.2)). Gemäß dieser Beziehung nähern sich die zwei Körper in dem angeführten Beispiel mit einer Geschwindigkeit

$$u' = \frac{\frac{3}{4}c + \frac{3}{4}c}{1 + \frac{9}{16}} = \frac{24}{25}c < c!$$

Aus dem Gesetz (3.6) folgt, daß keine Kraft dazu imstande ist, die Geschwindigkeit eines Körpers größer als c werden zu lassen. Das heißt aber, daß bei Annäherung von v an c die Masse eines Körpers, d. h. das Maß seiner Trägheit, gegen unendlich streben muß. Mit anderen Worten, die Masse eines Körpers muß von seiner Geschwindigkeit abhängen. In der Tat ist die Masse M eines Körpers als Konsequenz der Speziellen Relativitätstheorie mit der Geschwindigkeit v über die Beziehung

$$M = \frac{M_0}{\sqrt{1 - v^2/c^2}} \tag{3.7}$$

verknüpft. Hier ist M_0 die Ruhmasse des Körpers, d. h. diejenige Masse, die in dem Bezugssystem gemessen wird, in dem der Körper ruht.

Die Beziehung zwischen der Masse M und der Energie eines Körpers (wir bezeichnen diese mit E) ist durch die berühmte Formel der Äquivalenz von Masse und Energie gegeben:

$$E = Mc^2. \tag{3.8}$$

Die Formel (3.8) sagt aus, daß „Masse“ und „Energie“ nicht mehr als unabhängige Größen existieren, wie dies in der klassischen Mechanik der Fall war. Diese Schlußfolgerung der Speziellen Relativitätstheorie besitzt überaus große Bedeutung für die Allgemeine Relativitätstheorie, von der im nächsten Kapitel die Rede sein wird.

Wir haben also begriffen, daß die Zeit ihren absoluten, vom Bezugssystem unabhängigen Charakter verloren hat. Die Spezielle Relativitätstheorie hat zwischen Zeit und Raum einen untrennbaren Zusammenhang hergestellt, der sich in den Lorentztransformationen widerspiegelt. Deshalb ist gemäß der Speziellen Relativitätstheorie der Rahmen, in dem sich alle physikalischen Ereignisse abspielen, nicht einfach der Raum, sondern die vierdimensionale Raum-Zeit.

Der Mathematiker H. Minkowski hat den sog. pseudoeuklidischen vierdimensionalen Raum eingeführt, der jetzt nach ihm als Minkowskische Raum-Zeit benannt ist. Was ist damit gemeint? Betrachten wir einmal den gewöhnlichen dreidimensionalen euklidischen Raum, der die Grundlage unserer in der Schule erworbenen Raumvorstellung ist. Gegeben seien zwei Punkte, z. B. die Enden eines starren Stabes. Eines der Enden sei mit dem Ursprung O eines kartesischen Koordinatensystems gekoppelt. Dann sind die Koordinaten des anderen Endes durch x, y, z bezeichnet. Die Länge des Stabes l läßt sich mittels des Pythagoreischen Lehrsatzes mit Hilfe von x, y, z folgendermaßen ausdrücken:

$$l^2 = x^2 + y^2 + z^2. \tag{3.9}$$

Nun gehen wir zu einem anderen kartesischen Koordinatensystem über, das gegenüber dem ersten gedreht ist, wobei sein Ursprung mit dem des ersten Systems zusammenfällt. Im neuen Koordinatensystem wird das Stabende A die Koordinaten x', y', z' besitzen. Da die Länge des Stabes vom Koordinatensystem unabhängig ist, gilt

$$x^2 + y^2 + z^2 = x'^2 + y'^2 + z'^2. \tag{3.10}$$

Wir können also schlußfolgern, daß sich im dreidimensionalen euklidischen Raum die Größe $\sum_{i=1}^{3} x_i^2$ ($x_1 = x$, $x_2 = y$, $x_3 = z$) bei Drehungen des Koordinatensystems nicht ändert. Die Mathematiker können ohne Schwierigkeiten nicht nur mit dreidimensionalen, sondern mit n-dimensionalen euklidischen Räumen umgehen, in denen die Länge eines Abschnitts gleich $\sum_{i=1}^{n} x_i^2$ ($i = 1, 2, \ldots, n$) ist.

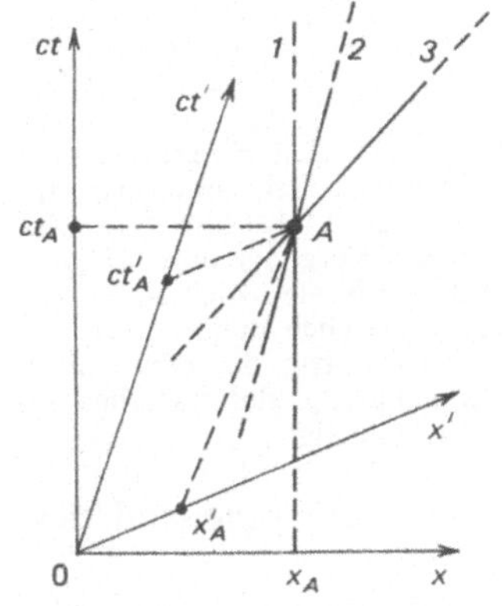

Abb. 6. Die Minkowskische Raum-Zeit.
Jedem Ereignis A im Bezugssystem I entsprechen die Koordinate x_A und der Zeitpunkt t_A (die Koordinaten y und z sind nicht mit aufgetragen). Im Bezugssystem I' entsprechen diesem Ereignis die Koordinate x'_A und der Zeitpunkt t'_A, die mit x_A und t_A über die Lorentztransformation zusammenhängen. In der Abbildung sind die Weltlinien eines relativ zu I ruhenden Objektes (*1*), eines sich relativ zu I bewegenden Objektes (*2*) und eines Lichtstrahls (*3*) eingetragen

Es stellt sich nun heraus, daß durch die Lorentztransformationen die räumlichen Koordinaten x, y, z und die Zeit t in einem Bezugssystem mit den entsprechenden x', y', z' und t' in einem anderen Bezugssystem folgendermaßen verknüpft sind:

$$(ct)^2 - x^2 - y^2 - z^2 = (ct')^2 - x'^2 - y'^2 - z'^2. \tag{3.11}$$

Schaut man sich (3.11) genau an, dann kann man in Analogie zu (3.10) davon sprechen, daß der Übergang von einem Inertialsystem zu einem anderen einer Drehung in einem vierdimensionalen Raum entspricht. Als Länge (gebräuchlicher ist es, von einem Intervall zu sprechen) ist in diesem Raum die Größe $x_4^2 - x_1^2 - x_2^2 - x_3^2$ zu betrachten, wobei $x_4 = ct$ ist. Dieser vierdimensionale Raum wird als pseudoeuklidische (wegen des Minuszeichens vor x_1, x_2 und x_3) Minkowskische Raum-Zeit bezeichnet. Und eben dieser Raum besitzt physikalische Realität, in ihm finden alle physikalischen Erscheinungen statt. Noch einmal wollen wir unterstreichen, daß weder eine absolute Zeit noch ein absoluter dreidimensionaler Raum existieren. Gemäß der Speziellen Relativitätstheorie leben wir in einer pseudoeuklidischen Raum-Zeit, die schematisch in Abb. 6 wiedergegeben ist. Allen physikalischen Erscheinungen entsprechen Ereignisse in dieser Raum-Zeit. Jedem punktförmigen Objekt wird eine sog. Weltlinie zugeordnet, die die Gesamtheit der Ereignisse, die mit dem vorliegenden Objekt stattfinden, darstellt. Das Intervall zwischen zwei Ereignissen hängt nicht von dem Bezugssystem ab, obwohl sich die

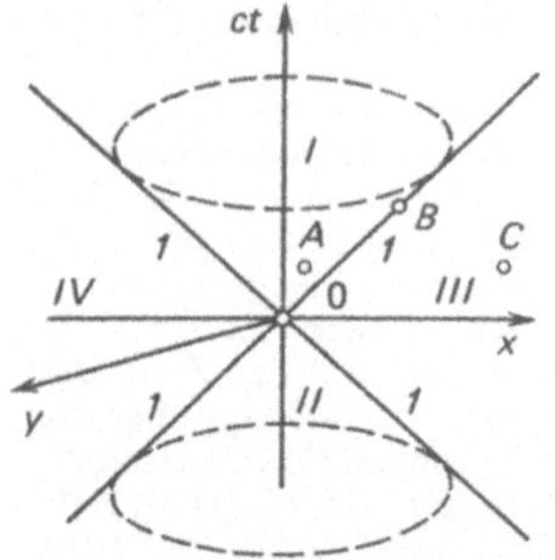

Abb. 7. Raum-Zeit-Diagramm (die Koordinate z ist unterdrückt). *1* Lichtkegel, *I* absolute Zukunft, *II* absolute Vergangenheit, *III*, *IV* absolut entfernte Gebiete. Der Abstand zwischen den Punkten *O* und *A* ist zeitartig, der zwischen *O* und *B* lichtartig, der zwischen *O* und *C* raumartig

zeitlichen und räumlichen Koordinaten entsprechend den Lorentztransformationen ändern.

Wie aus (3.11) ersichtlich ist, kann das Quadrat des Intervalls zwischen zwei Ereignissen sowohl positiv als auch negativ sein. Entsprechend werden die Intervalle als zeitartige und raumartige Intervalle bezeichnet. Zwei beliebige Ereignisse auf der Weltlinie eines Lichtstrahls sind durch ein Nullintervall getrennt. Die Gesamtheit aller Nullinien, die den Lichtstrahlen entsprechen, die unter allen möglichen Richtungen ein Ereignis *O* passieren, wird als Lichtkegel bezeichnet. Der Lichtkegel unterteilt die gesamte Minkowskische Raum-Zeit in vier Gebiete (Abb. 7): *I* die absolute Zukunft als alle diejenigen Ereignisse, die seitens des Ereignisses *O* beeinflußt werden können; *II* die absolute Vergangenheit als diejenigen Ereignisse, die auf das Ereignis *O* Einfluß nehmen können. Diese beiden Ereignisbereiche liegen innerhalb des Lichtkegels, und das Quadrat des Intervalls zwischen den Ereignissen *O* und einem beliebigen Ereignis aus diesen zwei Bereichen ist positiv. Das Vorzeichen des Intervalls, das ebenso wie das Intervall selbst von der Wahl des Bezugssystems nicht abhängt, bestimmt folglich die kausalen Zusammenhänge zwischen den Ereignissen. Ein beliebiges Ereignis aus dem Bereich *I* kann Folge des Ereignisses *O* sein, doch keinesfalls dessen Ursache, während ein beliebiges Ereignis aus dem Bereich *II* Ursache des Ereignisses *O* sein kann, aber nicht Folge des letzteren.

Die zwei anderen Bereiche *III* und *IV* sind die absolut entfernten Gebiete. Keines der Ereignisse dieser beiden Bereiche hängt irgendwie kausal mit dem Ereignis *O* zusammen. Das Intervall zwischen einem beliebigen Ereignis dieser Bereiche und dem Ereignis *O* ist negativ.

Die hauptsächliche Schlußfolgerung aus einer solchen

„invarianten", d. h. von der Wahl des Bezugssystems unabhängigen Aufteilung der Raum-Zeit in die Bereiche *I–IV* besteht darin, daß der Begriff der Kausalität in der Speziellen Relativitätstheorie absoluten Charakter besitzt: über zwei beliebige Ereignisse läßt sich mit Bestimmtheit und eindeutig eine Aussage treffen, in welcher kausalen Beziehung sie zueinander stehen. Dabei findet in einem beliebigen Bezugssystem das „Ursache-Ereignis" immer vor dem „Folge-Ereignis" statt. Welches von zwei kausal nicht zusammenhängenden Ereignissen dagegen eher und welches später stattfand, hängt von dem Bezugssystem ab.

Raum-Zeit-Diagramme ähnlich dem in Abb. 7 gezeigten werden auch oft bei der Untersuchung einer gekrümmten Raum-Zeit verwendet.

Wir beenden nun unseren Ausflug in die Spezielle Relativitätstheorie und unterstreichen noch einmal, daß die Spezielle Relativitätstheorie nach ihrer Formulierung durch viele Experimente bestätigt worden ist, vor allem durch Experimente, in denen Elementarteilchen eine Rolle spielen. Insbesondere wäre es bis heute nicht möglich, ohne die Kenntnis der Speziellen Relativitätstheorie Teilchenbeschleuniger zu projektieren oder gar zu bauen. Es ist wohl keine Übertreibung, davon zu sprechen, daß heute die Spezielle Relativitätstheorie buchstäblich zu einer Ingenieurwissenschaft geworden ist. Ein Physiker bemerkte dazu: „In unserem Jahrhundert ruft die Elektrizität des rotierenden Ankers jedes Generators und jedes Elektromotors die Gültigkeit der Relativitätstheorie aus – man muß nur hinhören."

4. Was besagt die Allgemeine Relativitätstheorie?

Im vorangegangenen Kapitel haben wir uns mit der Speziellen Relativitätstheorie bekanntgemacht. Sie besagt, daß die Arena, in der sich die physikalischen Erscheinungen entfalten, die vierdimensionale Raum-Zeit ist. Allerdings haben wir, als wir über die Spezielle Relativitätstheorie berichteten, bewußt die Frage ausgeklammert, ob die Materie möglicherweise selbst die Eigenschaften dieser Arena beeinflußt. Tatsächlich handelt es sich bei der Raum-Zeit im leeren Raum und fern von massiven Körpern um eine vierdimensionale pseudoeuklidische Minkowski-Raum-Zeit. Dann tritt die natürliche Frage auf, welche Eigenschaften die Raum-Zeit beispielsweise in der Nähe massereicher Körper besitzt. Diese Frage kann man auch genauer stellen: Welche geometrischen Eigenschaften besitzt die reale Raum-Zeit, und wie hängen diese von den Eigenschaften der Materie ab? Bevor wir zur Beschreibung der Allgemeinen Relativitätstheorie übergehen, die diese Frage beantwortet, wollen wir zunächst noch einige Worte über die Geometrie verlieren.

Die Mathematiklehrpläne in der Schule sind so aufgebaut, daß die Axiome, Lemmata und Theoreme der euklidischen Geometrie tief in das Bewußtsein eines Menschen eindringen. Danach fällt es ihm nicht leicht, sich vorzustellen, daß die euklidische Geometrie vom mathematischen Standpunkt aus nur eine der möglichen Geometrien ist, und zwar die einfachste. Zu den Axiomen der euklidischen Geometrie zählt beispielsweise das folgende: Durch einen gegebenen Punkt kann man nur eine Gerade ziehen, die parallel zu einer gegebenen Geraden verläuft. Am Anfang des vorigen Jahrhunderts schien es vielen Mathematikern so, als wäre dies kein Axiom, sondern ein Theorem, das aus anderen Axiomen abgeleitet werden kann. Der russische Gelehrte N. I. Lobatschewski bewies, daß es sich doch um ein Axiom handelt. Er schuf eine widerspruchsfreie Geometrie, die vom logischen Standpunkt in keiner Weise schlechter als die euklidische ist, in der aber das erwähnte Axiom nicht enthalten ist. In der Folgezeit wurde klar, daß es sich dabei im zweidimensionalen Fall um die Geometrie auf einem Rotationshyperboloid handelt, während die euklidische Geometrie hier die Geometrie der Ebene ist.

Unabhängig von Lobatschewski gelangte der ungarische Mathematiker Bólyai wenig später zu einer analogen Geometrie. Später konstruierte B. Riemann eine ganze Klasse von Geometrien, die im zweidimensionalen Fall der Geometrie auf einer beliebigen geschlossenen Fläche, beispielsweise der Oberfläche eines Rotationsellipsoids, entsprachen. Sowohl Lobatschewski als auch Riemann verstanden sofort, daß die von ihnen entdeckten Geometrien eine wichtige Frage nach sich zogen, die bereits nicht mehr geometrischer, sondern physikalischer Natur war: Welche Geometrie besitzt die uns umgebende Welt? Jetzt gab es ja keinen logischen Grund mehr zu der Annahme, diese Geometrie sei unbedingt euklidisch. Folglich kann man diese Frage nur auf experimentellem Wege beantworten.

Ein berühmter Gelehrter äußerte einmal: „Die Größe des menschlichen Verstandes besteht darin, daß der Mensch wesentlich mehr verstehen kann, als er in der Lage ist, sich vorzustellen." Tatsächlich können wir uns ohne weiteres einen beliebigen gekrümmten zweidimensionalen Raum vorstellen: die Kugeloberfläche, die komplizierte Oberfläche einer Vase oder des Kotflügels eines Autos usw. Den dreidimensionalen Raum können wir uns dagegen nur noch eben vorstellen, also euklidisch. Und Räume höherer Dimension können wir uns anschaulich überhaupt nicht mehr vorstellen. Mittels der Mathematik können wir jedoch die Geometrie eines Raumes beliebiger Dimension verstehen.

Damit wir uns klar vorstellen können, worin sich ein gekrümmter von einem ebenen Raum unterscheidet, werden wir zunächst den zweidimensionalen Fall betrachten. Stellen wir uns einmal vor, auf einer großen Kugelfläche lebten vernunftbegabte zweidimensionale Wesen, die sich ihr ganzes Leben lang auf dieser Kugelfläche bewegen und prinzipiell nicht in der Lage sind, diese zu verlassen. Angenommen, eines dieser Wesen nähme einen beliebigen Punkt dieser Oberfläche als Ausgangspunkt und kröche zunächst entlang eines Großkreises bis in eine gewisse Entfernung. Anschließend kröche es entlang eines Kreises auf der Kugelfläche um den Ausgangspunkt, ohne sich diesem zu nähern oder sich von ihm zu entfernen. Das Wesen könnte nun die Länge dieses Kreises messen und diese Länge durch den „Durchmesser" des Kreises teilen, den es entlang des Großkreises gemessen hat. Damit könnte es einen äußerst wichtigen geometrischen Fakt überprüfen. Würde sich nämlich herausstellen, daß dieses Verhältnis gleich der Zahl π ist, so müßte das Wesen zu dem Schluß gelangen, daß es auf einer Fläche lebt. Wäre dieses Verhältnis dagegen kleiner als π, brächte das unseren zweidimensionalen Verwandten in Verlegenheit, wenn er nicht erraten würde, daß er auf einer gekrümmten zweidimensionalen Kugelfläche lebt. Je kleiner der Radius des Kreises oder je größer der Radius der Kugelfläche, um so

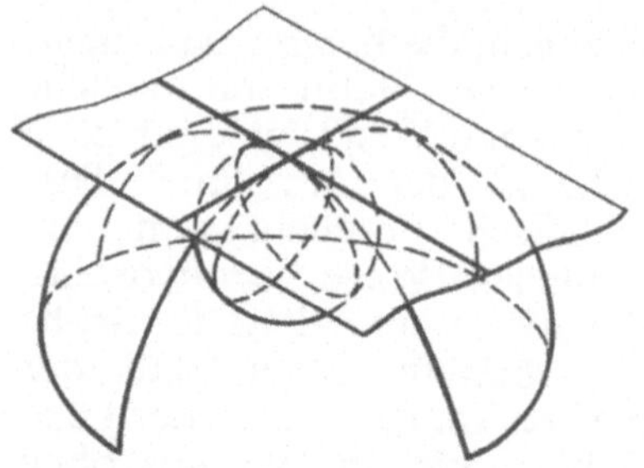

Abb. 8. Je größer der Kugelradius, um so geringer die lokale Differenz zu der Tangentialebene

schwieriger ist es, den Unterschied der Kugelfläche zur sie berührenden ebenen Fläche zu bemerken (Abb. 8).

Etwas Ähnliches kann auch mit dreidimensionalen vernunftbegabten Wesen, die im realen dreidimensionalen Raum wohnen, geschehen, d. h. mit uns. Solange wir in Raumgebieten geringer Ausdehnung und weit entfernt von massiven Körpern messen, stellen wir möglicherweise keine Abweichung unseres dreidimensionalen Raumes vom euklidischen fest und auch keine Abweichung der vierdimensionalen Raum-Zeit von der pseudoeuklidischen Minkowskischen. Beschrieben wir jedoch diesen Kreis in der Nähe eines massiven Körpers, könnte sich dann nicht herausstellen, daß das Verhältnis des Kreisumfangs zum Durchmesser ungleich π ist?

Die Allgemeine Relativitätstheorie, die die Vorstellung der Speziellen Relativitätstheorie über eine einheitliche Raum-Zeit in sich aufgenommen hat (also Raum und Zeit nicht trennt), behauptet, daß sich in dem von den materiellen Körpern erzeugten Gravitationsfeld im Grunde genommen die Krümmung der Raum-Zeit offenbart. Die Allgemeine Relativitätstheorie stellt einen quantitativen Zusammenhang zwischen den geometrischen Eigenschaften der Raum-Zeit und dem Verhalten der Materie in dieser Raum-Zeit her. Anders gesagt, hängen laut dieser Theorie die Eigenschaften jener Arena, in der alle physikalischen Ereignisse ablaufen, d. h. die Eigenschaften der Raum-Zeit, mit dem Charakter der Prozesse zusammen, die in dieser Arena ablaufen, d. h. mit dem physikalischen Verhalten der Materie.

Um uns in allgemeinen Zügen vorzustellen, was die Allgemeine Relativitätstheorie leistet, wollen wir zwei Hauptfragen hervorheben, die jede beliebige Gravitationstheorie, also auch die Allgemeine Relativitätstheorie, beantworten muß.

Die erste Frage: Wir nehmen an, ein Gravitationsfeld sei gegeben. Wie bewegen sich in diesem Feld die Körper, das Licht, überhaupt die Materie, wenn man die Rückwirkung der untersuchten Objekte auf das Gravitationsfeld vernachlässigen kann? Solche Objekte werden gewöhnlich als Testteilchen bezeichnet. So ist ein Satellit beispielsweise ein Testteilchen im Gravitationsfeld der Erde, während man die Erde selbst als Testteilchen im Gravitationsfeld der Sonne betrachten kann.

Die zweite Frage: Angenommen, eine Materieverteilung im Raum sei gegeben und es sei bekannt, wie sich die Materie bewegt. Was für ein Gravitationsfeld wird von dieser Materie erzeugt? Was für ein Gravitationsfeld erzeugt beispielsweise ein Stern oder ein Planet in seiner Umgebung?

Wenn eine Theorie diese beiden Fragen beantworten kann, gestattet sie es im Prinzip, die – wie der Physiker sagt – selbstkonsistente Aufgabe zu lösen: Die Materie erzeugt das Gravitationsfeld, das seinerseits wieder die Bewegung der Materie beeinflußt.

Wir wollen uns zunächst bemühen, die erste Frage zu beantworten.

Kehren wir zum Relativitätsprinzip zurück, das der Speziellen Relativitätstheorie als Grundlage dient. Wie wir bereits wissen, sagt dieses Prinzip aus, daß alle physikalischen Gesetze in allen Inertialsystemen gleich lauten. Kann man dieses Prinzip auf beliebige Bezugssysteme verallgemeinern, die sich gegenüber Inertialsystemen beschleunigt bewegen? Es scheint so, als wäre das unmöglich, denn nichtinertiale Bezugssysteme unterscheiden sich prinzipiell von inertialen. In nichtinertialen Bezugssystemen bewegen sich nämlich Körper selbst dann beschleunigt, wenn auf sie keine Kräfte seitens anderer realer Objekte wirken. Kann man solcherart „fiktive" Beschleunigungen von jenen unterscheiden, die durch die physikalische Wechselwirkung der Körper hervorgerufen werden?

Das Erkennungsmerkmal der „fiktiven" Beschleunigungen, die beim Übergang zu nichtinertialen Bezugssystemen auftreten, liegt darin, daß alle Körper, auf die keine Kräfte wirken, der gleichen Beschleunigung unterliegen. Aber auch im Falle eines homogenen, also räumlich konstanten Gravitationsfeldes erleiden alle Körper die gleiche Beschleunigung. Wir wollen uns solch einem Beispiel zuwenden. Wir stellen uns ein Raumschiff vor, das so weit von allen gravitativ wirksamen Körpern – Sternen oder Planeten – entfernt ist, daß die auf die Rakete wirkenden Gravitationskräfte vernachlässigbar klein sind. Angenommen, die Leistung der Raketentriebwerke sei so groß, daß die Beschleunigung, mit der sich das Raumschiff bewegt, genau gleich der Beschleunigung des freien Falls $\boldsymbol{g}$ sei. Auf den Kosmonauten, der in dem Raumschiff sitzt, wirkt eine einzige Kraft – die Gegenkraft $\boldsymbol{N}$ seitens des Sessels. Genau diese Kraft verleiht dem Kosmonauten eine Beschleunigung. Dabei gilt nach dem zweiten Newtonschen Gesetz $\boldsymbol{N} = m_t\boldsymbol{g}$, wobei m_t die träge Masse des Kosmonauten ist.

Der Kosmonaut erinnert sich, daß vor dem Start, als das Raumschiff noch unbeweglich auf der Erde stand, auf ihn seitens des Sessels die Kraft $\boldsymbol{N}'$ gewirkt hat, die gleich der Anziehungskraft der Erde war, d.h. $\boldsymbol{N}' = m_s\boldsymbol{g}$. Sowohl in dem einen als auch in dem anderen Fall hatte der Kosmonaut die Empfindung, daß ihn irgendeine Kraft in den Sessel preßt. Wenn $m_t = m_s$ gilt, dann ist $\boldsymbol{N} = \boldsymbol{N}'$. Das bedeutet, daß der Kosmonaut in beiden Fällen ganz genau die gleiche Empfindung hat, falls die schwere und die träge Masse übereinstimmen. Wenn er die Bullaugen fest verschließen würde, könnte er nicht feststellen, ob das Raumschiff unbeweglich ist und sich in der Nähe ein Körper befindet, der ein Gravitationsfeld der Feldstärke $\boldsymbol{g}$ (s. 2. Kapitel) erzeugt, oder ob das Gravitationsfeld fehlt und sich das Raumschiff mit der Beschleunigung $\boldsymbol{g}$ bewegt.

Das betrachtete Beispiel illustriert, welche Idee der Allgemeinen Relativitätstheorie zugrunde liegt: Kein lokales Experiment, d.h. kein Experiment, das in einem kleinen Raumgebiet in einem isolierten Labor durchgeführt wird, erlaubt es, das Gravitationsfeld von einer Beschleunigung zu unterscheiden. Wenn das Experiment in einem hinreichend kleinen Raumgebiet durchgeführt wird, kann man das Gravitationsfeld in diesem Gebiet mit hoher Genauigkeit als homogen ansehen. Natürlich kann man bei nichtlokalen Experimenten feststellen, daß sich die Beschleunigungen in verschiedenen Raumpunkten unterscheiden. (Beispielsweise ist die Beschleunigung des freien Falls um so geringer, je größer die Entfernung von der Erde ist.) Deshalb ist das Gravitationsfeld innerhalb ausgedehnter Gebiete nicht dem Übergang zu einem nichtinertialen Bezugssystem äquivalent. Anders gesagt, man muß ständig in Erinnerung behalten, daß die Äquivalenz eines Gravitationsfeldes und der beschleunigten Bewegung nur lokal gültig ist. Das bedeutet, daß bei Berücksichtigung des Gravitationsfeldes alle Bezugssysteme (darunter auch nichtinertiale) ohne jede Einschränkung völlig gleichberechtigt zur Beschreibung lokaler physikalischer Erscheinungen sind. Darin besteht das Grundprinzip der Allgemeinen Relativitätstheorie – das Äquivalenzprinzip, das auf der jedem Schüler bekannten Gleichheit von träger und schwerer Masse basiert.

In der klassischen Mechanik stimmen die träge und die schwere Masse nur zufällig überein. Diese Übereinstimmung wurde zu einem Fundament der Allgemeinen Relativitätstheorie, das die Ergebnisse unzähliger Versuche verallgemeinert und die Natur der gravitativen Wechselwirkung widerspiegelt.

Das Äquivalenzprinzip bedeutet, daß nicht nur die Geschwindigkeit der geradlinigen gleichförmigen Bewegung eine relative Größe ist, sondern auch die Beschleunigungen. Alle Gleichungen der Allgemeinen Relativitätstheorie, die zu kompliziert sind, als daß man sie hier hinschreiben könnte, besitzen eine bemerkenswerte Eigenschaft: Sie sehen nicht nur in allen Inertialsystemen gleich aus, sondern überhaupt in allen Bezugssystemen. Anders gesagt, die Gleichungen der Allgemeinen Relativitätstheorie sind invariant gegenüber beliebigen Transformationen der räumlichen Koordinaten und der Zeit (vgl. mit der Invarianz gegenüber Galilei- und Lorentztransformationen, 3. Kapitel).

Jetzt wollen wir versuchen zu verstehen, auf welche Weise man den Einfluß des Gravitationsfeldes auf physikalische Prozesse beschreiben kann, wenn man die Spezielle Relativitätstheorie kennt und sich auf das Äquivalenzprinzip stützt. Beginnen wir mit dem einfachsten Fall eines homogenen Gravitationsfeldes.

Angenommen, ein nichtinertiales Bezugssystem I' bewege sich zu dem betrachteten Zeitpunkt gegenüber einem Inertialsystem I. Wenn wir die Beschleunigung von I' relativ zu I kennen, können wir die Geschwindigkeit, mit der sich I' gegenüber I bewegt, zu jedem Zeitpunkt bestimmen. Wenn wir diese Geschwindigkeit kennen, können wir mittels der im 3. Kapitel behandelten Lorentztransformation die Raum-Zeit-Koordinaten eines beliebigen Ereignisses im Bezugssystem I zu den entsprechenden Koordinaten desselben Ereignisses in I' in Beziehung setzen. Es stellt sich heraus, daß man unter Benutzung der

Lorentztransformation nicht nur eine Beziehung zwischen den Raumkoordinaten und der Zeit in verschiedenen Bezugssystemen herstellen kann, sondern auch zwischen beliebigen anderen Größen, beispielsweise zwischen Kräften. Können wir die physikalischen Erscheinungen in I beschreiben, dann können wir mittels der Speziellen Relativitätstheorie auch eine Beschreibung in dem System I' geben. Wie wir uns überzeugt haben, ist die Beschleunigung des Systems I' gegenüber I der Existenz eines Gravitationsfeldes in I' äquivalent. Folglich kann man die Wirkung eines Gravitationsfeldes auf den Gang der betrachteten physikalischen Prozesse berechnen und beispielsweise die Frage beantworten, wie es die Lichtausbreitung beeinflußt.

In der klassischen Newtonschen Theorie stößt diese Frage auf eine solch abgrundtiefe Unbestimmtheit, daß es noch am vernünftigsten ist zu sagen, das Gravitationsfeld übe keinerlei Einfluß auf die Lichtausbreitung aus. Dagegen können wir, vom Äquivalenzprinzip ausgehend, leicht die folgende Antwort geben. Da sich das Licht im Inertialsystem geradlinig ausbreitet, beschreibt der Lichtstrahl im beschleunigten Bezugssystem eine gekrümmte Linie (Abb. 9), und folglich breitet sich das Licht auch im Gravitationsfeld entlang einer Kurve aus.

Jetzt versuchen wir, physikalische Erscheinungen in einem inhomogenen Gravitationsfeld zu beschreiben. Dazu muß man den Raum, in dem das Gravitationsfeld vorhanden ist, in viele kleine Kästchen aufteilen. Das Ausmaß eines jeden Kästchens sei viel kleiner als die charakteristische Ausdehnung, innerhalb der räumliche Änderungen des Gravitationsfeldes bemerkbar werden. Bei der Untersuchung des Gravitationsfeldes der Erde muß so ein Kästchen beispielsweise weit kleinere Abmessungen als der Erdradius haben. Je kleiner die Ausmaße des Kästchens sind, eine um so höhere Genauigkeit erreichen wir bei der Beschreibung. Mit einer Genauigkeit, die nur von den Ausmaßen des gedachten Kästchens abhängt, können wir das Gravitationsfeld innerhalb dieses Kästchens als homogen ansehen.

Wenn das Gravitationsfeld aus irgendeinem Grund zeitlich variabel ist (wenn beispielsweise das Gravitationsfeld eines rasch vorbeifliegenden Kometen betrachtet wird), dann verlangen wir von unserer Aufteilung in einzelne Kästchen nicht allzu viel; wir verfolgen einfach den Einfluß

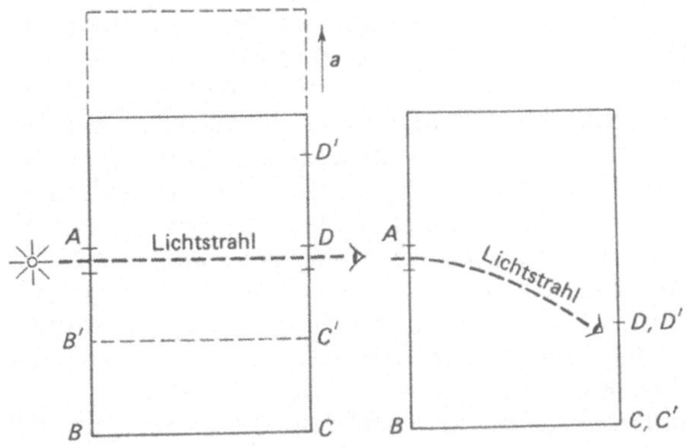

Abb. 9. Ablenkung eines Lichtstrahls im beschleunigten Bezugssystem

des Gravitationsfeldes auf die untersuchten Erscheinungen innerhalb eines hinreichend kleinen Zeitintervalls, das bedeutend kleiner als die Zeitspanne ist, während der sich das Feld wesentlich ändert. Anders gesagt, wir teilen die Raum-Zeit in vierdimensionale Kästchen auf, innerhalb derer das Gravitationsfeld jeweils als homogen und konstant angesehen werden kann.

Ein homogenes und konstantes Gravitationsfeld ist jedoch, wie wir bereits wissen, dem Übergang zu einem beschleunigten Bezugssystem völlig äquivalent, wobei dieser Übergang mit Hilfe der Speziellen Relativitätstheorie erfolgreich vollzogen werden kann. Folglich können wir den Einfluß des Gravitationsfeldes auf ein beliebiges Ereignis beschreiben, das – wenn man es einmal so ausdrücken darf – sowohl im Raum als auch in der Zeit lokalisiert ist. Danach muß man nur noch alle jene Informationen vergleichen und vereinheitlichen, die man für jedes Ereignis einzeln erhalten hat, und dann können wir die Frage beantworten, wie das Gravitationsfeld Erscheinungen beeinflußt, die räumlich und zeitlich ausgedehnt sind.

Wie kann man diesen Vergleich am besten durchführen, bzw. – wie der Physiker fragt – welchen Apparat soll man dazu benutzen? Der Schöpfer der Allgemeinen Relativitätstheorie hatte erkannt, daß dieser Apparat in Gestalt der Geometrie der gekrümmten Räume von Lobatschewski, Riemann, Gauß und anderen Mathematikern bereits ausgearbeitet war. Dieser mathematische Apparat besteht, grob gesprochen, darin, daß anstatt der kartesischen sog.

krummlinige Koordinaten benutzt werden, die auch als Gaußsche Koordinaten bezeichnet werden.

Wir wollen uns das Wesen des oben Gesagten anhand des zweidimensionalen Analogons verdeutlichen. Wir betrachten zunächst ein ebenes gekästeltes Blatt. Auf der Ebene des Blattes kann man kartesische Koordinaten einführen, so daß jedem Punkt A zwei Zahlen x_1 und x_2 zugeordnet werden können, die angeben, wie man den Punkt A aus dem Ursprung O des Koordinatensystems erreichen kann: Man muß sich entlang der Horizontalen x_1 cm bewegen und anschließend x_2 cm entlang der Vertikalen. Die Koordinaten benachbarter Punkte x_1 und x_2 unterscheiden sich nur unwesentlich. Wenn der Punkt B die Koordinaten $x_1 + \mathrm{d}x_1$ und $x_2 + \mathrm{d}x_2$ besitzt, ist sein Abstand $\mathrm{d}s$ zum Punkt A durch die folgende Beziehung gegeben:

$$\mathrm{d}s^2 = \mathrm{d}x_1^2 + \mathrm{d}x_2^2. \tag{4.1}$$

Diese einfache Formel – Quadrat des Abstandes gleich Summe der Quadrate des Koordinatenzuwachses – bedeutet, daß wir es mit einem euklidischen Raum zu tun haben.

Wir führen jetzt auf demselben ebenen Blatt Papier Koordinaten gänzlich anderer Art ein. Anstelle der Geraden, die rechtwinklige Kästchen bilden, zeichnen wir zwei Kurvenscharen derart, daß sich die Kurven jeder Schar untereinander nicht schneiden (Abb. 10). Jeder Kurve der einen Schar schreiben wir eine Zahl u_1 zu, jeder Kurve der anderen Schar eine Zahl u_2. Die Zahlen u_1 und u_2 können ebensogut als Koordinaten dienen wie die Zahlen x_1 und x_2. Wie vorher entspricht jeder Punkt A einem Zahlenpaar u_1, u_2, das angibt, auf dem Schnittpunkt welcher Linien der Punkt liegt. Einem benachbarten Punkt B entspricht ein Paar naher Zahlen $u_1 + \mathrm{d}u_1$ und $u_2 + \mathrm{d}u_2$. Jetzt ist das Abstandsquadrat zwischen A und B nicht mehr gleich der Summe der Quadrate von $\mathrm{d}u_1$ und $\mathrm{d}u_2$. Das Gesetz, mit dem der Abstand zwischen zwei benachbarten Punkten bestimmt wird, wenn die Koordinatendifferenzen bekannt sind, hängt von der Wahl der krummlinigen Koordinaten ab.

Wenn wir die Lage von Punkten auf einer ebenen Fläche bestimmen wollen, dann können wir von gegebenen u_1 und u_2 auf kartesische Koordinaten x_1 und x_2 um-

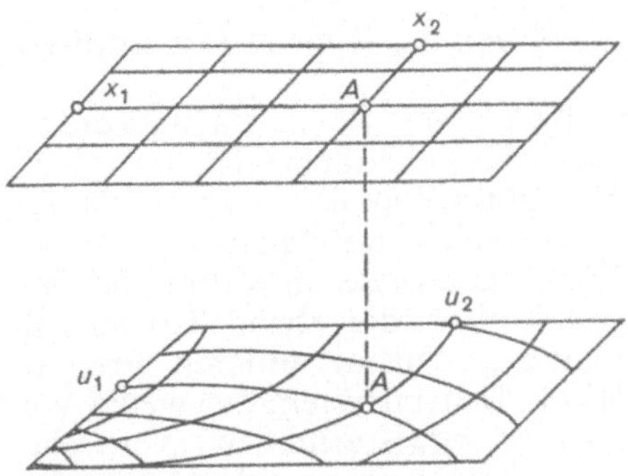

Abb. 10. Krummlinige Koordinaten

rechnen, d. h. eine Koordinatentransformation

$$\begin{aligned} x_1 &= x_1(u_1, u_2), \\ x_2 &= x_2(u_1, u_2) \end{aligned} \tag{4.2}$$

ausführen. Dann nimmt das Abstandsquadrat zwischen zwei benachbarten Punkten das einfache Aussehen wie Gl. (4.1) an.

Wenn wir es aber mit einer gekrümmten Fläche zu tun haben, beispielsweise der Oberfläche eines Kotflügels am Auto, kann man kartesische Koordinaten überhaupt nicht einführen. Wie man die Koordinaten auch wählt, das Quadrat des Abstandes zweier Punkte ist nie gleich der Summe der Quadrate der Koordinatendifferenzen. Dann sprechen wir von einem nichteuklidischen Raum.

Gauß und Riemann haben eine Theorie in allen Einzelheiten ausgearbeitet, die es erlaubt, geometrische Beziehungen auf derartigen Flächen abzuleiten. Diese Theorie wird heute als Riemannsche Geometrie bezeichnet. Wenn die Mathematiker gelernt haben, irgend etwas mit zweidimensionalen Räumen zu tun, dann sind sie, wie wir bereits bemerkten, in der Lage, das Erreichte für den Fall einer beliebigen Dimension zu verallgemeinern. Das Abstandselement oder Linienelement (nach der üblichen Terminologie) zwischen zwei benachbarten Punkten oder, besser gesagt, zwischen zwei Ereignissen in der vierdimensionalen Minkowski-Raum-Zeit (s. Gl. (3.11)) lautet

$$ds^2 = c^2 dt^2 - dx^2 - dy^2 - dz^2 . \tag{4.3}$$

Ganz analog zur zweidimensionalen Fläche kann man statt x, y, z und t beliebige krummlinige Koordinaten u, v, p und

t einführen, für die ein Ausdruck des Typs (4.3) nicht mehr gültig ist.

Die Raum-Zeit der Allgemeinen Relativitätstheorie ist nicht pseudoeuklidisch, da kein einheitliches Inertialsystem existiert, das die gesamte Raum-Zeit überdecken könnte. Zu jedem Ereignis der Raum-Zeit kann man ein lokales Inertialsystem wählen. Wenn man dieses in Raum und Zeit unbegrenzt ausdehnt, erhält man die ebene Tangential-Raum-Zeit. Beim Übergang zu einem anderen Ereignis unterscheidet sich das lokale Inertialsystem ein wenig von dem vorangegangenen, es ist gewissermaßen „verdreht" ähnlich den Tangentialflächen einer zweidimensionalen gekrümmten Fläche, die auch gegeneinander verdreht sind. Das Prinzip der Äquivalenz von Beschleunigung und lokalem Gravitationsfeld, das auf der Gleichheit von träger und schwerer Masse basiert, führt damit unweigerlich zu der Vorstellung einer gekrümmten vierdimensionalen Raum-Zeit, in der sich das Tempo des Zeitflusses von Punkt zu Punkt ändert und in der es unmöglich ist, ein einheitliches Inertialsystem im gesamten Raum einzuführen.

Das Fehlen eines festen Inertialsystems stört jedoch keinesfalls bei der exakten Beschreibung physikalischer Erscheinungen. Wenn wir beliebige krummlinige Gaußsche Koordinaten einführen, können wir das Zusammentreffen zweier Ereignisse konstatieren sowie räumliche Abstände und Zeitintervalle zwischen Ereignissen berechnen, d. h., wir können die geometrischen Eigenschaften der Raum-Zeit vollständig beschreiben. Die Eigenschaften der Raum-Zeit bestimmen das Verhalten der darin enthaltenen Materie, die Bewegung der Körper und den Verlauf der Lichtstrahlen, Deformationen usw.

Nun kann man die Grundidee des Äquivalenzprinzips formulieren, ohne sich ein Bezugssystem heranzuziehen, das fest mit irgendwelchen Körpern verbunden ist. Wie Einstein feststellte, sind alle Gaußschen Koordinatensysteme prinzipiell äquivalent bei der Formulierung allgemeiner Naturgesetze. Wenn ein Gravitationsfeld vorhanden ist, müssen sich alle Teilchen und Lichtstrahlen, die sich ohne Gravitationsfeld auf geraden Linien bewegen würden, nunmehr entlang der kürzesten Verbindungslinie bewegen, also genau wie vorher. Aber die kürzeste Verbindungslinie ist in der gekrümmten Raum-Zeit keine Gerade, sondern eine Kurve. Solche gekrümmten Linien werden Geodäten genannt. Man kann sie immer berechnen, wenn das Gravitationsfeld bekannt ist. Daher kann man auch aus der Bewegung der Teilchen und Lichtstrahlen, d. h. in Kenntnis ihrer Weltlinien (der Bahnen in der Raum-Zeit), alle Eigenschaften des Gravitationsfeldes feststellen.

Die erste wichtige Frage, die vor einer Gravitationstheorie steht, nämlich wie das Feld das Verhalten der Materie beeinflußt, haben wir in allgemeinen Zügen beantwortet. Eine ganze Reihe von Erscheinungen, die mit der Bewegung von Testteilchen und Lichtstrahlen im Gravitationsfeld zusammenhängen, werden wir einzeln und ausführlicher in den folgenden Kapiteln dieses Buches behandeln.

Aber die Antwort auf die zweite, nicht minder wichtige Frage steht noch aus. Wodurch wird das Gravitationsfeld selbst bedingt, d. h., wovon hängt die Geometrie der Raum-Zeit ab? In der klassischen Theorie hängt das Gravitationsfeld nur von der Masseverteilung ab. Tatsächlich kennen wir aus dem Newtonschen Gravitationsgesetz das Gravitationsfeld, das von einem punktförmigen Körper erzeugt wird, in einem beliebigen vorgegebenen Raumpunkt. Indem wir eine Masseverteilung in eine Menge von Punktmassen zerlegen und deren Gravitationsfelder addieren, können wir also das Gravitationsfeld bestimmen, das von einer beliebigen Masseverteilung erzeugt wird.

Wenn man jedoch eine Gravitationstheorie formulieren will, die sich das Ziel stellt, die endliche Ausbreitungsgeschwindigkeit aller Signale zu berücksichtigen, kann man voraussehen, daß das Gravitationsfeld nicht nur von der Masseverteilung abhängen wird, sondern auch von den Geschwindigkeiten oder Impulsen, mit denen sich die Materieelemente bewegen; Lageänderungen einzelner Materieelemente müssen sich im Gravitationsfeld niederschlagen.

Da wir aus der Speziellen Relativitätstheorie wissen, daß Masse und Energie ein und dasselbe sind, muß das Gravitationsfeld von einer gewissen Kombination der Energie und der Impulse abhängen. Wir werden an dieser Stelle nicht auf spezielle Einzelheiten eingehen, sondern nur die prinzipiellen Züge des Gravitationsgesetzes nennen. Die ziemlich komplizierten Gleichungen der Allgemeinen Relativitätstheorie gestatten es, Größen zu berechnen, die als Potentiale des Gravitationsfeldes bezeichnet werden. Diese Größen bestimmen die geometrischen Eigenschaften der

Raum-Zeit. Wenn im Grenzfall die Geschwindigkeiten der Körper, die das Gravitationsfeld erzeugen, klein sind und das Gravitationsfeld selbst schwach ist, d. h. die Raum-Zeit fast eben ist, dann lassen sich alle Gravitationspotentiale auf eine Größe zurückführen – auf das gewöhnliche Newtonsche Gravitationspotential. Wir erinnern daran, daß das Gravitationspotential in der Newtonschen Theorie gleich der potentiellen Energie eines im Gravitationsfeld befindlichen Körpers mit der Einheitsmasse ist.

Damit beschließen wir unsere Beschreibung der Struktur der Allgemeinen Relativitätstheorie und gehen zu konkreten physikalischen Folgen dieser Theorie über.

5. Welche Beobachtungshinweise liefert die Allgemeine Relativitätstheorie?

Im letzten Kapitel haben wir die Allgemeine Relativitätstheorie qualitativ beschrieben. In diesem Kapitel werden wir erörtern, welche Hinweise diese Gravitationstheorie den Experimentatoren und Beobachtern liefert. Wir werden uns bemühen, eine Vorstellung von jenen Experimenten und Beobachtungen zu bekommen, die dazu dienen, die Grundprinzipien der Allgemeinen Relativitätstheorie zu überprüfen oder die konkreten quantitativen Voraussagen dieser Theorie mit Meßwerten zu vergleichen.

Wie bei jeder anderen physikalischen Theorie müssen auch bei der Allgemeinen Relativitätstheorie zunächst vor allem jene Prinzipien (Postulate) überprüft werden, auf deren Fundament die Theorie steht.

Eines dieser Prinzipien – die Gültigkeit der Speziellen Relativitätstheorie in hinreichend kleinen Raumgebieten – ist in zahlreichen Laborexperimenten überprüft worden, die keine unmittelbare Beziehung zur Gravitation besitzen (s. 3. Kapitel).

Ein zweites Prinzip, auf das sich die Allgemeine Relativitätstheorie stützt, das Äquivalenzprinzip, steht in ganz unmittelbarer Beziehung zur Gravitation (s. 4. Kapitel).

Seit Galilei und Newton wurden zahlreiche Experimente unternommen, die mit wachsender Genauigkeit bewiesen, daß die Beschleunigung des freien Falls nicht von den konkreten Eigenschaften der Probekörper abhängt. Diese Eigenschaft fallender Probekörper ist eine unmittelbare experimentelle Bestätigung des Äquivalenzprinzips. Offensichtlich erfordert es die Allgemeine Relativitätstheorie, dieses Prinzip mit der größten Genauigkeit zu überprüfen, die das heutige Niveau der experimentellen Technik zuläßt. Das wiederum bedeutet, daß man sich mit wachsendem „Meßvermögen" (mit der Erhöhung der Empfindlichkeit und des Auflösungsvermögens der Geräte) unbedingt immer wieder Versuchen zur Überprüfung des Äquivalenzprinzips zuwenden muß. In den letzten Jahren wurden Versuche sowohl in irdischen Labors als auch im Maßstab des Sonnensystems durchgeführt, wobei im letzten Fall Erde und Mond als Probekörper dienten. Diesem Fragenkreis ist das 7. Kapitel gewidmet.

Die Allgemeine Relativitätstheorie verknüpft die Gravitation mit einer Krümmung der Raum-Zeit. Das bedeutet erstens, daß die Zeit in der Nähe eines massereichen Körpers anders verläuft als weit entfernt von ihm, wo das Gravitationsfeld schwächer ist. Daraus folgt die Forderung an die Experimentatoren, den Gang gleichartiger Uhren zu vergleichen, die sich in verschiedenen Abständen von der Erde oder der Sonne befinden. Eine weitere (damit verwandte) Aufgabe besteht darin, Frequenzänderungen der Photonen zu messen, die sich von der Erde oder der Sonne entfernen bzw. sich diesen nähern. Das 8. Kapitel ist der Beschreibung dieser Experimente gewidmet.

Zweitens bedeutet die Krümmung der Raum-Zeit durch das Gravitationsfeld, daß der dreidimensionale Raum nicht mehr euklidisch ist. Das muß sich in einer bestimmten Krümmung der Front elektromagnetischer Wellen in der Nähe von gravitativ wirksamen Körpern zeigen. Daraus folgt ein weiterer Hinweis an die Experimentatoren. Die Ausbreitung von Lichtstrahlen und Radiowellen im Gravitationsfeld der Sonne muß untersucht werden. Dabei muß die Ablenkung solcher Strahlen gemessen werden, und die somit quantitativ festgestellte Abweichung vom euklidischen Raum muß mit der Vorhersage der Allgemeinen Relativitätstheorie verglichen werden. Bei solchen Messungen (s. 9. Kapitel) wird sich auch die Veränderung des Tempos des Zeitflusses im Gravitationsfeld auswirken.

Aber die Krümmung der Raum-Zeit wirkt sich nicht nur auf die Ausbreitung elektromagnetischer Wellen aus. Laut Allgemeiner Relativitätstheorie bewegen sich Testteilchen, wie etwa Planeten oder Satelliten, entlang der Geodäten der gekrümmten Raum-Zeit. Dabei unterscheiden sich die Bahnen dieser Körper selbst in dem schwachen Gravitationsfeld der Sonne ein wenig von den Bahnen, die die Newtonsche Theorie voraussagt. Je geringer der Abstand zur Sonne ist, desto größer ist diese Differenz. Daher legt die Allgemeine Relativitätstheorie nahe, die Bewegung des sonnennächsten Planeten Merkur zu untersuchen und den genannten Unterschied zwischen seiner Bahn und der Newtonschen Umlaufbahn nachzuweisen. Darüber hinaus rät die Allgemeine Relativitätstheorie, die Bewegung von weit entfernten Objekten im Kosmos zu untersuchen. Wenn man Objekte findet, die sich in einem starken Gravitationsfeld bewegen und deren Bahnparameter mit genügender Genauigkeit bekannt sind, können diese Objekte zur Überprüfung der Allgemeinen Relativitätstheorie außerhalb des Sonnensystems dienen. Diesem Fragenkreis ist das 10. Kapitel gewidmet.

Alle bisher genannten Beobachtungshinweise der Allgemeinen Relativitätstheorie beziehen sich auf Experimente im zeitunabhängigen Gravitationsfeld, das von unbeweglichen Körpern erzeugt wird. Die Bewegung von Körpern muß sich jedoch nach der Allgemeinen Relativitätstheorie auch auf das von ihnen erzeugte Gravitationsfeld auswirken. Tatsächlich ist ja die Allgemeine Relativitätstheorie von Anfang an als relativistische Verallgemeinerung der Newtonschen Theorie aufgebaut worden, um die Gravitationstheorie mit der endlichen Ausbreitungsgeschwindigkeit beliebiger Signale in Einklang zu bringen. Man kann die folgende Analogie aufstellen. Das Newtonsche Gravitationsgesetz, das dem Coulombschen Gesetz sehr ähnelt, beschreibt das statische Gravitationsfeld (zu vergleichen mit dem statischen elektrischen Feld), während die Allgemeine Relativitätstheorie die Gleichungen der Gravodynamik beinhaltet (zu vergleichen mit der Elektrodynamik).

Insbesondere sagt die Allgemeine Relativitätstheorie voraus, daß ein rotierender Körper neben seinem statischen (Potential-) Feld auch ein stationäres Gravitationsfeld mit Wirbelcharakter in seiner Umgebung erzeugt. Letzteres ähnelt sehr dem stationären Magnetfeld eines geladenen rotierenden Körpers. Wie kann man dieses gravitative Wirbelfeld nachweisen? Eine Antwort läßt sich daraus ableiten, daß das gravitative Wirbelfeld (wir bezeichnen es in Analogie zur Elektrodynamik als gravomagnetisches Feld) nur sich bewegende Testteilchen beeinflußt (Bewegung bezüglich des Zentrums des Körpers, der das Gravitationsfeld erzeugt); ruhende Teilchen werden davon nicht betroffen. Daraus läßt sich der folgende Beobachtungshinweis ableiten. Um das mit der Rotation der Erde in Verbindung stehende gravomagnetische Feld zu messen, muß man einen rotierenden Körper (Gyroskop) auf eine Umlaufbahn um die Erde bringen und verfolgen, wie er sich dort verhält. Wie die Experimentatoren diesen Hinweis befolgt haben und was in dieser Richtung schon getan wurde, darüber wird im 11. Kapitel berichtet.

Wenn man die Analogie mit der Elektrodynamik, deren Triumph die Voraussage und Entdeckung der elektromagnetischen Wellen war, fortsetzt, kann man erwarten, daß etwas Ähnliches auch in der Gravodynamik geschieht. Die Endlichkeit der Ausbreitungsgeschwindigkeit der gravitativen Wechselwirkung führte Einstein bereits am Anfang der Entwicklung der Allgemeinen Relativitätstheorie dazu, die Existenz von Gravitationswellen vorauszusagen. Diese Wellen wurden bisher nicht entdeckt, aber nach ihnen wird gegenwärtig weltweit in einer Reihe von Labors gesucht. Ähnlich den von Radio- und optischen Teleskopen registrierten elektromagnetischen Wellen, die uns Informationen über die Bewegung geladener Teilchen im Kosmos übermitteln, müssen die Gravitationswellen Informationen über die Bewegung riesiger Massen im Kosmos beinhalten. Gravitationswellen sind plötzlich auftretende, schwache Änderungen der Raumkrümmung. Die Wissenschaftler hoffen, durch ihren Nachweis sehr wichtige Informationen über weit entfernte Katastrophen im Universum zu erhalten. Im 12. Kapitel wird über Gravitationswellen und deren Nachweismöglichkeiten berichtet.

Alles bisher Gesagte bezieht sich auf Experimente in schwachen Gravitationsfeldern. Die Gravitationswellen sind allerdings nur in der Nähe des Detektors schwach, dort, wo sie entstehen (bzw. erzeugt werden), können die Gravitationsfelder sehr stark sein.

Nach Meinung des sowjetischen Astrophysikers W. L. Ginsburg ist die Überprüfung der Allgemeinen Relativitätstheorie im starken Gravitationsfeld eine wirklich aktuelle Aufgabe. Leider werden sich hinreichend starke Gravitationsfelder im Labor (das gesamte Sonnensystem eingeschlossen) zumindest im nächsten Jahrhundert nicht herstellen lassen. Daher müssen wir bei der Suche nach Effekten der Allgemeinen Relativitätstheorie in starken Gravitationsfeldern das Sonnensystem verlassen. Anders gesagt, von den Experimenten müssen wir uns astronomischen Beobachtungen zuwenden. Da wir uns im Zustand passiver Beobachter befinden, können wir eine große Zahl astrophysikalischer Erscheinungen, die keinen direkten Bezug zur Gravitationswirkung haben, nicht ausschließen. In jedem astronomischen Objekt sind hydrodynamische Prozesse, Strahlungstransport, Plasmainstabilitäten usw. auf engste Weise miteinander verflochten. Und obwohl die Gravitation im Leben astronomischer Objekte die entscheidende Rolle spielt, ist es in der Regel äußerst schwierig, jene Größen mit der notwendigen Genauigkeit zu messen, die man mit den Voraussagen der Allgemeinen Relativitätstheorie vergleichen muß. Nichtsdestoweniger befindet sich eine Voraussage der Allgemeinen Relativitätstheorie – die Existenz Schwarzer Löcher (das sind Objekte mit einem äußerst starken Gravitationsfeld) – im Zentrum der Aufmerksamkeit vieler Astronomen und Astrophysiker (sowohl Beobachter als auch Theoretiker). Über ein aktuelles Problem der heutigen relativistischen Astrophysik, über die Suche nach Schwarzen Löchern, wird im 13. Kapitel berichtet.

Ein anderes Objekt, das nur mit der Allgemeinen Relativitätstheorie beschrieben werden kann, ist das Universum selbst. Je massereicher und ausgedehnter ein Objekt ist, um so größer ist die Rolle der Gravitation. Das Universum ist natürlich das größte Objekt. Daher ist es nicht verwunderlich, daß die Kosmologie – die Wissenschaft, die sich mit dem Aufbau und der Entwicklung des Universums beschäftigt – ohne die Allgemeine Relativitätstheorie nicht auskommen kann. Die Rolle der Allgemeinen Relativitätstheorie in der Kosmologie und ihre Anwendung auf die frühen Entwicklungsetappen des Universums wird im 14. Kapitel erörtert.

Am Ende dieses Kapitels müssen wir noch anmerken, daß die Allgemeine Relativitätstheorie ungeachtet ihrer Schönheit und der guten Übereinstimmung mit den vorhandenen experimentellen Befunden und Beobachtungsergebnissen gegenwärtig nicht die einzige Gravitationstheorie ist. Daher besteht eine der Aufgaben der Experimentatoren darin, andere, sog. alternative Gravitationstheorien, die in allgemeinen Zügen im 15. Kapitel beschrieben werden, auf ihre Lebensfähigkeit zu überprüfen.

Jetzt wollen wir zu den konkreten Schlußfolgerungen, die die Allgemeine Relativitätstheorie für physikalische Experimente und astronomische Beobachtungen liefert, übergehen. Aber zunächst machen wir uns noch mit dem heutigen experimentellen Potential der Menschheit bekannt.

6. Das Meßpotential der Menschheit – gestern und heute

Man kann davon ausgehen, daß Galileo Galilei bereits im 17. Jahrhundert die ersten relativ komplizierten, zielgerichteten physikalischen Experimente unter Laborbedingungen durchführte. Wir wollen hier die Rolle seiner Vorgänger, der Naturforscher im antiken Griechenland, nicht schmälern. Die griechischen Gelehrten haben jedoch die ihnen zugänglichen physikalischen Erscheinungen mehr beobachtet und sich fast nicht darum bemüht, einen numerischen Vergleich zwischen den beobachteten Größen und jenen vorausgesagten Werten anzustellen, die aus den in Formeln niedergeschriebenen Hypothesen ableitbar sind. Zu den ersten konkreten physikalischen Vergleichen muß man die Arbeiten von Johannes Kepler rechnen, eines Zeitgenossen von Galilei. Er analysierte die Beobachtungsdaten, die sein Lehrer Tycho Brahe über die Planetenbewegung gewonnen hatte, und konnte so die quantitativen Gesetze aufstellen, die seinen Namen erhielten (s. 10. Kapitel). (Später hat Isaac Newton auf der Basis der Keplerschen Gesetze die erste Gravitationstheorie entwickelt.) Diese astronomischen Beobachtungen waren für die damalige Zeit erstaunlich genau. Später haben die bedeutenden Experimentalphysiker H. Cavendish, Ch. Coulomb, H. Ørsted, M. Faraday u.a. das Fundament der heutigen Experimentalphysik gelegt. Wir möchten beschreiben, was die Experimentalphysiker, die die gravitativen Erscheinungen untersuchen, erreicht haben, was sie gegenwärtig tun und was ihnen möglicherweise in naher Zukunft gelingen wird. Um unsere Absicht auszuführen, ist es zweckmäßig, ein wenig darüber nachzudenken, wie sich das „Meßpotential" der Menschheit seit Galileis Zeiten vergrößert hat.

Worüber verfügten beispielsweise Galilei oder Kepler als Experimentatoren (genauer: als Beobachter)? Erstens besaßen sie neben dem menschlichen Auge, das eine bemerkenswerte Empfindlichkeit besitzt, bereits recht gute astronomische Teleskope. Zweitens stand die äußerst gleichmäßige Rotation der Erde zu ihrer Verfügung, anders gesagt, eine überaus stabile Uhr. Von einem hellen Stern oder Planeten erreicht im optischen Bereich ein Strahlungsfluß von etwa 10^{-9} W/cm^2 die Erdoberfläche. Die Objektivfläche der Teleskope von Galilei und Kepler betrug etwa 100 cm^2. Das bedeutet, daß der von hellen Sternen oder Planeten ausgehende Fluß von Strahlungsquanten im optischen Bereich, der das Auge des Beobachters getroffen hat, ungefähr 10^{12} Quanten pro Sekunde betrug. Das Auge registriert zuverlässig ungefähr 100 Quanten.

Erst in unserem Jahrhundert wurde klar, daß die Erde ungleichmäßig rotiert. (Es gibt jahreszeitliche Schwankungen und eine monotone Drift der Winkelgeschwindigkeit.) Diese Schwankungen sind jedoch selbst für ziemlich genaue Messungen nicht besonders wesentlich. Im Laufe eines Jahres beträgt die relative Änderung der Winkelgeschwindigkeit der Erdrotation $(\Delta\omega/\omega)_E \approx 10^{-8}$. Diese Größe gibt eine Vorstellung von der äußerst hohen Genauigkeit, mit der Tycho Brahe und später Johannes Kepler die Umlaufzeiten der Planeten bestimmten und die Galilei bei der Beobachtung der Jupitermonde erreichte.

Was haben die Experimentalphysiker in den 300 Jahren erreicht, die seit Galilei und Kepler verstrichen sind? Erstens wurden bedeutend genauere Uhren hergestellt. Die relative Frequenzstabilität des Wasserstoffstandards (über diese Vorrichtung werden wir in einem späteren Kapitel noch ausführlich berichten) beträgt $\Delta\omega/\omega \approx 3 \cdot 10^{-13}$. Um diese Größe unterscheiden sich die Frequenzen der Wasserstoffstandards verschiedener Länder, die einen eigenen metrologischen Dienst[1] haben. Im Vergleich zur „Ge-

[1]Die Metrologie beschäftigt sich insbesondere mit der Messung des absoluten Wertes von Zeit- und Längenintervallen.

nauigkeit der Erde“ ist die Genauigkeit der Uhren in den letzten 300 Jahren also um fünf Größenordnungen angewachsen. Eigentlich hat man sogar noch mehr gewonnen. In den meisten physikalischen Experimenten muß man nämlich nicht die absolute Zeit kennen, wie das in der Metrologie gefordert wird. Es genügt, die letzten Ziffern der Zeitangabe genau zu kennen, da die meisten Messungen Zeitdifferenzen betreffen. Anders gesagt, man registriert nicht den Wert selbst, sondern nur seine Änderung. Die Frequenzen zweier Wasserstoffstandards können sich zwar beispielsweise um drei Einheiten in der dreizehnten Stelle des Wertes unterscheiden, aber diese Differenz ändert sich über einen längeren Zeitraum wenig. So beträgt die relative Frequenzänderung eines Wasserstoffstandards innerhalb von 1000 s nur etwa $\Delta\omega/\omega \approx 10^{-15}$. Innerhalb dieser relativ langen Zeitspanne kann man eine Messung beginnen und beenden. Daraus folgt, daß man innerhalb von 300 Jahren an Frequenzstabilität ungefähr sieben Größenordnungen gewonnen hat.

Mit der Empfindlichkeit der Empfänger für elektromagnetische Strahlung geschah in diesem Zeitraum folgendes. Im optischen Bereich wurden Photonenzähler gebaut, die einzelne Lichtquanten zählen. Die Objektivfläche wurde gleichzeitig von 100 cm^2 auf maximal 300 000 cm^2 vergrößert. Im Radiowellenbereich und dem sich auf der kurzwelligen Seite daran anschließenden Gebiet ultrahoher Frequenzen (UHF) sind die Errungenschaften noch eindrucksvoller. Erstens wurden vor etwa 40 Jahren hochempfindliche Empfänger für den Bereich ultrahoher Frequenzen ($f \approx 10^9 \div 10^{10}$ Hz) geschaffen. Diese Empfänger (sie werden manchmal Maser genannt) besitzen einen Schwellwert der Empfindlichkeit, der einigen Radiophotonen entspricht. Die Photonen sind aber in diesem Wellenlängenbereich um fünf Größenordnungen „leichter“ als die Photonen im optischen Bereich, d. h., die Energie eines Photons im optischen Bereich ist ungefähr um fünf Größenordnungen größer als die Energie eines Photons im Gebiet ultrahoher Frequenzen. Zweitens wurden inzwischen Radioteleskope gebaut, deren Spiegelfläche 10^6mal größer als die Objektivfläche des Galileischen Teleskops ist.

Wenn man die Gesamtempfindlichkeit der Teleskope vor 300 Jahren (unter Berücksichtigung der Empfindlichkeit des Auges eines Betrachters) mit der moderner Ra-

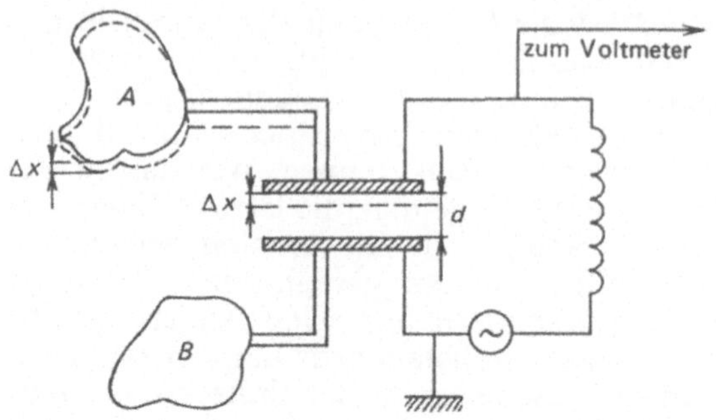

Abb. 11. Prinzipskizze eines kapazitiven Sensors

dioteleskope vergleicht, kann man folglich den Schluß ziehen, daß letztere etwa um 13 Größenordnungen empfindlicher sind. In Wirklichkeit kann der Gewinn noch größer sein, falls die Möglichkeit besteht, Signale über einen längeren Zeitraum zu sammeln.

Die beiden genannten Zahlen (sieben Größenordnungen Steigerung bei der Frequenzstabilität und dreizehn Größenordnungen bei der Empfindlichkeit gegenüber dem elektromagnetischen Strahlungsfluß) charakterisieren die Aktivitäten der Experimentalphysiker und beobachtenden Astronomen in den letzten 300 Jahren ziemlich treffend. An dieser Stelle ist es angebracht zu erwähnen, daß die wesentlichen Errungenschaften im Kampf um die Empfindlichkeit und Stabilität in den letzten 40 Jahren erreicht worden sind. Natürlich können sich die Experimentatoren nicht nur des Verdienstes rühmen, diese zwei Charakteristika verbessert zu haben. Eine Vielzahl qualitativ neuer Methoden wurden ersonnen und in die Praxis umgesetzt. So wurden beispielsweise wirksame Methoden zur Abtrennung von Signalen aus dem Rauschen erarbeitet, in der Kern- und Elementarteilchenphysik wurden neue Meßmethoden entwickelt, künstliche Erdsatelliten und interplanetare Sonden wurden geschaffen. Wir verweilen hier nur bei der Empfindlichkeit und der Frequenzstabilität, da wir für die Beschreibung einer großen Anzahl von Gravitationsexperimenten in erster Linie diese Größen benötigen.

Wir wollen betrachten, was man im Labor tun kann, wenn man einen empfindlichen Empfänger und einen sehr stabilen Generator für elektromagnetische Schwingungen besitzt. Bei vielen Gravitationsexperimenten muß man Kräfte messen, die auf Massen wirken. Wenn die Massen frei (oder schwach gebunden) sind, führen die Kräfte zu Beschleunigungen, die ihrerseits als Verschiebungen innerhalb genau bemessener Zeitintervalle gemessen werden können. Die Aufgabe, kleine Kräfte nachzuweisen (oder kleine Beschleunigungen, was dasselbe ist), führt somit auf die Aufgabe, kleine mechanische Verschiebungen zu registrieren. Angenommen, wir müssen im Labor die kleine Verschiebung Δx des Körpers A in bezug auf den Körper B messen. Eine Möglichkeit, eine derartige Messung durchzuführen, besteht in folgendem: Wir befestigen die eine Platte eines Plattenkondensators am Körper A, die andere am Körper B (Abb. 11). Dann ruft eine Abstandsänderung Δx zwischen den Platten mit dem Abstand d eine Änderung der Kapazität C um den gleichen relativen Betrag hervor,

$$\Delta C/C = -\Delta x/d. \tag{6.1}$$

Die Aufgabe, eine kleine mechanische Verschiebung zu messen, wird so auf die Messung einer kleinen Kapazitätsänderung zurückgeführt. Diese zweite Aufgabe kann man auf folgende Weise leicht verwirklichen. Wir fügen dem Kondensator eine Spule mit der Induktivität L hinzu und erhalten einen Schwingkreis mit der Resonanzfrequenz

$$\omega_{\mathrm{Res}} = 1/\sqrt{LC}. \tag{6.2}$$

Die Kapazitätsänderung führt zu einer Änderung der Resonanzfrequenz ω_{Res}:

$$\frac{\Delta\omega_{\mathrm{Res}}}{\omega_{\mathrm{Res}}} = -\frac{1}{2}\frac{\Delta C}{C} = \frac{1}{2}\frac{\Delta x}{d}. \tag{6.3}$$

Die Verschiebung der Resonanzfrequenz läßt sich am einfachsten messen, wenn man einen elektrischen Stromkreis mit einer hohen Güte Q benutzt. Um diesen für viele Leser neuen Begriff zu erklären, stellen wir uns einmal vor, wir wollten die Resonanzfrequenz eines elektrischen Stromkreises bestimmen. Angenommen, wir haben einen regelbaren Frequenzgenerator zur Verfügung. Wenn wir diesen Generator in den Stromkreis schalten und die Frequenz langsam verändern, erhalten wir die größte Amplitude der veränderlichen Spannung im Stromkreis, wenn die Generatorfrequenz ω_{Gen} mit der Resonanzfre-

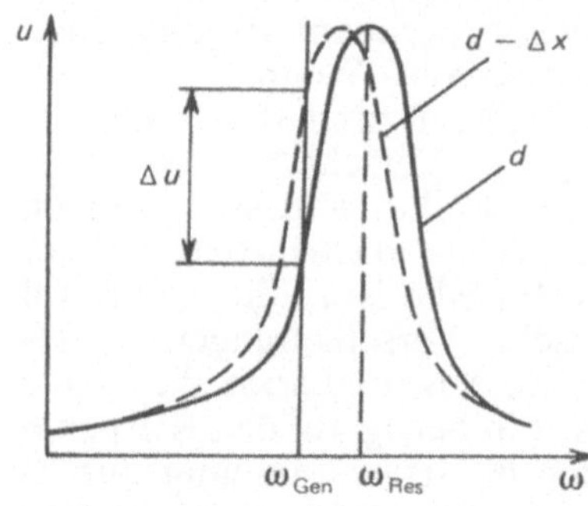

Abb. 12. Abstimmung des Generators in dem kapazitiven Sensor

quenz ω_{Res} übereinstimmt. Wenn man dagegen die Generatorfrequenz ω_{Gen} ein wenig verschiebt, d. h. den Generator ein wenig in Richtung der größeren oder kleineren Frequenzen abstimmt, dann verringert sich die Amplitude (Abb. 12). Man sagt, die Güte des Stromkreises ist um so größer, je schmaler die sich ergebende Resonanzkurve ist. Exakter wird der Begriff der Güte Q als Verhältnis der Resonanzfrequenz ω_{Res} zu dem Frequenzintervall $\Delta\omega$ bestimmt, an dessen Grenzen die mit dem Voltmeter gemessene Schwingungsamplitude halb so groß wie bei der Resonanzfrequenz ist. Je geringer die Dämpfung im Schwingkreis, um so größer seine Güte. Diese Größe kann man auch noch auf andere Weise definieren: Die Güte ist gleich der Anzahl von Schwingungen, in deren Verlauf die Schwingungsamplitude ungefähr auf ein Drittel gefallen ist.

Aus der obigen Beschreibung ist die einfachste Methode, eine Verschiebung der Resonanzfrequenz ω_{Res} zu messen (die infolge einer mechanischen Verschiebung Δx auftritt), klar ersichtlich. Man muß die Generatorfrequenz auf den am stärksten geneigten Teil der Resonanzkurve abstimmen und mit dem Voltmeter (dem natürlich noch ein hochempfindlicher Verstärker hinzugefügt werden muß) kleine Amplitudenänderungen der elektrischen Spannung ΔU registrieren. Diese Beschreibung einer Methode zur Bestimmung kleiner Lageänderungen kann als qualitative Begründung einer Formel dienen, die eine Beziehung zwischen der relativen Abstandsänderung zwischen den Platten $\Delta x/d$ und der relativen Änderung der Amplitude der elektrischen Spannung herstellt:

$$\frac{\Delta U}{U} \approx \frac{1}{2} Q \frac{\Delta C}{C} = \frac{1}{2} Q \frac{\Delta x}{d}. \qquad (6.4)$$

Aus dieser einfachen Beziehung ist sofort ersichtlich, daß für diese Messungen erstens ein empfindliches Gerät zur Messung kleinster Spannungsänderungen ΔU und zweitens ein sehr stabiler Frequenzgenerator erforderlich sind. Die zweite Forderung hängt damit zusammen, daß sowohl Änderungen der Generatorfrequenz ω_{Gen} als auch Verschiebungen Δx zu Spannungsänderungen ΔU führen (s. Abb. 12). Hieraus folgt für die Frequenzstabilität

$$\Delta\omega_{\mathrm{Gen}}/\omega_{\mathrm{Gen}} < \Delta x/d. \tag{6.5}$$

Je genauer diese Forderung erfüllt wird, desto besser ist das für den Beobachter, denn um so sicherer kann er sein, daß die registrierte Spannungsänderung ΔU tatsächlich durch eine Lageänderung Δx hervorgerufen wurde und nicht durch Frequenzänderung des Generators.

Wir haben uns mit dem sog. kapazitiven Sensor bekanntgemacht. Diese möglicherweise etwas umfangreiche Beschreibung einer einfachen Meßmethode mittels eines kapazitiven Sensors beenden wir mit einigen numerischen Abschätzungen.

Um abschätzen zu können, wie klein die mit diesem Gerät registrierbaren Lageänderungen Δx sind, muß man zunächst einige Worte darüber verlieren, welche Schwingkreisgüten heute den Experimentatoren zur Verfügung stehen. In einem gewöhnlichen Radioempfänger oder Fernsehgerät befinden sich viele Schwingkreise mit $Q \approx 100 \div 200$. Wie bereits oben festgestellt wurde, ist die Güte um so größer, je geringer die Verluste im Kondensator und in der Induktionsspule sind (je geringer der elektrische Widerstand ist). Wenn man daher den elektrischen Stromkreis aus supraleitendem Material (beispielsweise aus Blei oder Niobium) aufbaut, dessen Widerstand gegenüber konstantem Strom in der Nähe der Temperatur des flüssigen Heliums gegen Null strebt, kann man eine deutliche Verringerung des Widerstandes gegenüber dem veränderlichen Strom erwarten, folglich eine hohe Güte. Tatsächlich kann man bei solchen Stromkreisen praktisch ohne weiteres $Q \approx 10^6$ erreichen, wenn man sie auf die Temperatur des flüssigen Heliums abkühlt. Angenommen, wir besitzen ein Digitalvoltmeter, das es gestattet, die elektrische Spannung bis zur 5. Stelle genau abzulesen (d. h. $\Delta U/U \approx 10^{-5}$), und einen Schwingkreis mit der Güte $Q \approx 10^6$. Unter Benutzung der Beziehung zwischen $\Delta U/U$ und $\Delta x/d$ erhalten wir als Abschätzung $\Delta x/d \approx 2 \cdot 10^{-11}$.

Wenn beispielsweise der Plattenabstand im Kondensator 1 µm ($= 10^{-4}$ cm) beträgt, kann der kapazitive Sensor Lageänderungen von $\Delta x \approx 2 \cdot 10^{-15}$ cm registrieren! Damit er zuverlässig arbeitet, muß der elektrische Generator eine relative Frequenzstabilität $\Delta\omega_{\mathrm{Gen}}/\omega_{\mathrm{Gen}} < 2 \cdot 10^{-11}$ besitzen. Oben wurde bereits erwähnt, daß dieses Stabilitätsniveau „mit Reserven" übertroffen wird: der Wasserstoffstandard erreicht kurzzeitig $\Delta\omega_{\mathrm{Gen}}/\omega_{\mathrm{Gen}} \approx 10^{-15}$. Die Zahl $\Delta x \approx 2 \cdot 10^{-15}$ cm kann den Leser verwirren, der sich daran erinnert, daß ein Atom etwa 10^{-8} cm groß ist und der Atomkern eine Ausdehnung von 10^{-13} cm besitzt. Die Möglichkeiten, derartig kleine Lageänderungen eines makroskopischen Körpers A relativ zu einem anderen (ebenfalls makroskopischen) Körper B nachzuweisen, sind durchaus nicht physikalisch sinnlos. In Wirklichkeit sprechen wir ja von der Messung der Verschiebung einer großen Zahl von Atomen (von der Größenordnung der Avogadroschen Zahl). Darüber hinaus ist die gemessene Verschiebung das Ergebnis eines relativ langsamen Prozesses. Mit anderen Worten, in die Größe Δx gehen die relativ schnellen (und nach dem absoluten Betrag wesentlich größeren) Schwingungen der einzelnen Atome und Kerne nicht ein (und sie werden von dem Sensor auch nicht registriert). Wenn wir im 12. Kapitel die Gravitationswellenantennen erörtern, werden wir noch einmal auf die Frage zurückkommen, welche Einschränkungen solchen makroskopischen Messungen durch die Quantenmechanik auferlegt werden.

In der betrachteten numerischen Abschätzung wurde für die relative Meßgenauigkeit der Spannung $\Delta U/U \approx 10^{-5}$ gesetzt. Es ist klar, daß die Kleinheit von $\Delta U/U$ von der Empfindlichkeit des Verstärkers abhängt, der bei derartigen Messungen benutzt wird. Jetzt ist bereits eine Methode zur Messung mechanischer Schwingungen (mit Schallfrequenz) zuverlässig erarbeitet worden, die es erlaubt, Amplitudenänderungen von $2 \cdot 10^{-17}$ cm während einer Mittelung über 10 s festzustellen.

Wir wollen jetzt zur Messung kleiner mechanischer Verschiebungen übergehen, wenn das gesamte Sonnensystem als Labor benutzt wird. Dabei geht es um die Genauigkeit, mit der der Abstand eines Satelliten zur Erde oder zwischen zwei Satelliten bestimmt werden kann. Stellen wir uns vor, von einer irdischen Antenne wird ein Impuls elektromagnetischer Strahlung ultrahoher Frequenz in Richtung des Satelliten gesendet. Wenn sich auf diesem ein Zwischensender befindet (d. h. eine Antenne mit angeschlossenem Empfänger und Verstärker, dessen Ausgang wiederum mit der Antenne des Satelliten verbunden ist), kann man mit der irdischen Antenne nach der Zeit $2L/c$ ($c = 3 \cdot 10^5$ km/s) den auf diese Weise vom Satelliten „reflektierten" Impuls registrieren. Der Abstand L läßt sich bestimmen, indem man dieses Zeitintervall mißt. Um ein „Zeitintervall zu messen", muß man vorher klären, wie man die „Zeit aufbewahrt", genauer, wie man die Zeiteinheit aufbewahrt.

Zunächst (bis Mitte der 40er Jahre unseres Jahrhunderts) war die Erde „Bewahrer" der Zeiteinheit (des Zeitintervalls, das einer Umdrehung bzw. eines Teils davon entspricht). Als die ersten atomaren Frequenzstandards und später der Wasserstoffstandard (auch ein atomarer) geschaffen wurden, wurde klar, daß die Erde nicht gleichmäßig rotiert. Die Rolle des „Bewahrers" der Zeiteinheit ging zu den in den Labors stehenden Quellen sehr stabiler Schwingungen über. Die Zeiteinheit ist heute gleich einer vorher verabredeten Zahl von Schwingungsperioden solch eines Generators.

Um nun den Abstand L zu messen, muß man die Anzahl der Perioden während der Zeit zählen, die der Impuls der elektromagnetischen Strahlung bis zum Satelliten und zurück zur Erde benötigt, die so gewonnene Zeit mit der Ausbreitungsgeschwindigkeit elektromagnetischer Strahlung im Vakuum (der Lichtgeschwindigkeit) multiplizieren und schließlich noch durch zwei teilen. Bei dieser Prozedur der Entfernungsmessung ergibt sich für den Fehler ΔL die einfache Beziehung

$$\Delta L/L \gtrapprox \Delta\omega_{\mathrm{Gen}}/\omega_{\mathrm{Gen}} \,. \tag{6.6}$$

Wenn uns die sog. metrologische Genauigkeit interessiert, d. h., wenn wir alle Ziffern von L genau kennen wollen, müssen wir zur Bestimmung von ΔL die oben angegebene Abschätzung für den Wasserstoffstandard $\Delta\omega_{\mathrm{Gen}}/\omega_{\mathrm{Gen}} \approx 3 \cdot 10^{-13}$ benutzen. Wenn die Entfernung 300 Mill. km beträgt ($L = 3 \cdot 10^{13}$ cm) – das ist der doppelte Abstand der Erde zur Sonne –, erhält man folglich $\Delta L \approx 9$ cm. Die heute tatsächlich erreichte Genauigkeit solcher Messungen ist etwa eine Größenordnung schlechter (d. h. $\Delta L \approx 1$ m). Dafür gibt es mehrere Gründe. Erstens sind wir bei allen vorangegangenen Überlegungen davon ausgegangen, daß das vom Satelliten „reflektierte“ ziemlich schwache Signal ohne jede Verzerrung empfangen wird (anders gesagt, uns steht ein rauschfreier Empfänger zur Verfügung). Ein realer Empfänger bewirkt jedoch gewisse Verzerrungen. Zweitens wurde nicht berücksichtigt, daß der elektromagnetische Impuls, wenn auch nur kurzfristig, die Atmosphäre passieren muß und sich die ganze restliche Zeit nicht im idealen Vakuum ausbreitet, sondern im interplanetaren Plasma. Diese beiden Hauptgründe (es gibt auch noch ein paar weniger bedeutende) führen dazu, daß der metrologische Fehler bei der Bestimmung interplanetarer Abstände etwa 1 m beträgt. Noch erstaunlichere Genauigkeiten wurden bei Differenzmessungen erreicht, wenn also nicht der Wert selbst gemessen wird, sondern nur kleine Änderungen. Dann ist nicht die metrologische Frequenzstabilität wichtig, sondern die, wie bereits erwähnt, wesentlich bessere kurzzeitige Frequenzstabilität. Während eines Intervalls von etwa 1 min gelingt es, Lageänderungen der Antenne des Sputniks gegenüber der irdischen Antenne von weniger als 1 cm festzustellen.

Dieses Kapitel, eine Illustration der Meßmöglichkeiten der heutigen Experimentalphysiker, schließen wir mit noch einem einfachen Beispiel. Angenommen, wir wollen von der Erde aus nicht nur die Koordinaten eines Sputniks messen, sondern auch seine Geschwindigkeit. Für so eine Messung genügt es, den Dopplereffekt zu benutzen, dessen Wesen in Folgendem besteht. Angenommen, wir besitzen zwei gleichartige, hinreichend stabile Generatoren für elektromagnetische Wellen, die sich relativ zueinander bewegen. Ein relativ zu einem der Generatoren unbeweglicher Beobachter bemerkt eine Differenz zwischen den empfangenen Frequenzen der beiden Generatoren. Wenn sich der zweite Generator entfernt, registriert der Beobachter eine Verringerung („Rotverschiebung“) von dessen Frequenz; wenn er sich nähert, wird eine Erhöhung von dessen Frequenz registriert („Violettverschiebung“). Die relative Frequenzverschiebung infolge dieses Effektes ist durch die einfache Formel

$$(\Delta\omega/\omega)_D = \pm\, v/c \qquad (6.7)$$

gegeben, in der v die Geschwindigkeit eines Generators relativ zu dem anderen bedeutet. (Das Vorzeichen hängt davon ab, ob sich die Quelle nähert oder entfernt.) Es ist klar, daß die Möglichkeiten zur Geschwindigkeitsmessung mittels dieses Effektes in erster Linie davon abhängen, wie stabil die Frequenz der Generatoren ist. Wenn uns die metrologische Genauigkeit bei der Geschwindigkeitsmessung interessiert, ist die Grenze offensichtlich

$$\Delta v_{\mathrm{Metr}} \approx (\Delta\omega_{\mathrm{Gen}}/\omega_{\mathrm{Gen}})_{\mathrm{Metr}} \cdot c \approx 10^{-2}\ \mathrm{cm/s}. \qquad (6.8)$$

Aus ähnlichen Gründen, wie oben bei der Entfernungsmessung erwähnt, ist der wirkliche Fehler etwas größer ($\Delta v \approx 0{,}1$ cm/s). Für Differenzmessungen ist der Fehler allerdings kleiner. Gegenwärtig werden Geschwindigkeitsvariationen von Raumsonden gemessen, die sich in mehr als 10^9 km Entfernung von der Erde befinden, wobei die Fehlergrenze bei jeder Messung etwa $3 \cdot 10^{-4}$ cm/s beträgt, gemittelt über 50 s. Dabei übersteigt die Geschwindigkeit des Raumschiffs relativ zur Erde die zweite kosmische Geschwindigkeit ($v > 11{,}2$ km/s).

Der Leser (der vermutlich auch vorher schon davon überzeugt war, daß die Experimentalphysiker heute wesentlich genauer messen können als zu Galileis Zeiten) sollte diesen Teil des Buches nur als Illustration betrachten. Auf wenigen Seiten kann man nicht alles beschreiben, was die Experimentalphysiker gegenwärtig tun und was sie tun können. In jedem der folgenden Kapitel werden wir kleine Ergänzungen einschließen, die, wie die Autoren hoffen, dem Leser erlauben, die Eleganz und den Scharfsinn vieler kürzlich durchgeführten Gravitationsexperimente zu empfinden.

7. Wieviele Massesorten gibt es?

Das Äquivalenzprinzip wurde bereits relativ oft auf seine Richtigkeit hin überprüft. Man kann davon ausgehen, daß Newton selbst der erste war, der dies zielgerichtet getan hat (obwohl man sich auch vor Newton bereits mit diesem Problem beschäftigt hatte). Die Newtonschen Versuche waren ihrem Wesen nach sehr einfach. Er verglich die Schwingungsperioden von Pendeln, die aus einem dünnen Faden (mit einer sehr kleinen Eigenmasse) und einer schweren Kugel am Ende bestanden. Diese Kugeln waren

5-642

aus verschiedenen Materialien gefertigt. Mit einer relativ hohen Genauigkeit ($\approx 10^{-3}$) stellte Newton innerhalb der Fehlergrenzen die Gleichheit der trägen und der schweren Masse fest. Newtons Idee wird aus folgenden Überlegungen klar. Der Leser weiß aus dem Physikunterricht, daß die Schwingungsperiode T eines mathematischen Pendels durch

$$T = 2\pi \sqrt{\frac{l}{g}} \tag{7.1}$$

gegeben ist, wobei l die Länge des Fadens und g die Schwerebeschleunigung ist. Um im Labor etwas Ähnliches wie ein mathematisches Pendel zu besitzen, muß man möglichst dichtes Material nehmen, daraus eine Kugel fertigen und diese an einem möglichst dünnen Faden aufhängen. Der Durchmesser der Kugel muß viel kleiner als die Länge des Fadens sein. Wenn man die Schwingungsperiode solch eines realen physikalischen Pendels bei kleinen Auslenkungen mißt, stellt sich heraus, daß sich diese sehr wenig von der nach Formel (7.1) berechneten Periode T unterscheidet.

Im Physiklehrbuch wird verschwiegen, daß die Ableitung der Formel (7.1) auf dem Äquivalenzprinzip basiert. Tatsächlich muß man das zweite Newtonsche Gesetz für kleine Schwingungen, die eine Punktmasse an einem gewichtslosen Faden in einem Gravitationsfeld mit der Schwerebeschleunigung g vollführt, in folgender Form schreiben:

$$m_t \frac{d^2(l\alpha)}{dt^2} = -m_s g \alpha = -\frac{G m_s (M_E)_s \alpha}{R_E^2}, \tag{7.2}$$

wobei α ein kleiner Auslenkungswinkel des Pendels ist. Auf der linken Seite der Gleichung steht die träge Masse m_t, rechts die schwere Masse m_s. Die Gl. (7.2) ergibt als Lösung harmonische Schwingungen mit der Periode

$$T = 2\pi \sqrt{\frac{l}{g}\frac{m_t}{m_s}}. \tag{7.3}$$

Wie aus einem Vergleich der Formeln (7.1) und (7.3) ersichtlich ist, gilt die erste Formel für die Schwingungsdauer des mathematischen Pendels unter der Annahme, daß das Äquivalenzprinzip exakt erfüllt ist. Aus der strengen Formel (7.3) läßt sich ohne weiteres ablesen, wie das Äquivalenzprinzip überprüft werden kann. Man muß mehrere Pendel mit gleicher Länge l und Kugeln aus unterschiedlichem Material herstellen und deren Schwingungsperioden messen. Wenn diese übereinstimmen, ist das Verhältnis m_t/m_s für alle benutzten Materialien gleich. Dieses Ergebnis hat Newton auch erhalten.

Viele Jahre später gelang dem ungarischen Physiker L.Eötvös (dessen Namen die Budapester Universität heute trägt) bei der Überprüfung des Äquivalenzprinzips ein qualitativer Sprung in der Genauigkeit. Eötvös' Versuche zu Beginn unseres Jahrhunderts zeigten, daß sich das Verhältnis m_t/m_s für verschiedene Stoffe höchstens in der 7. Stelle unterscheidet. In den folgenden Versuchen wurde die von Eötvös erreichte Auflösung noch wesentlich übertroffen, und heute kann man dem Äquivalenzprinzip bei gewöhnlichen (in irdischen Labors zugänglichen) Körpern bis zu einer Genauigkeit von 10^{-12} glauben.

Bevor wir die neuesten Versuche kurz beschreiben, müssen wir definieren, mit welcher Genauigkeit (mit welcher Auflösung) es Sinn hat, das Äquivalenzprinzip zu überprüfen. Eine eindeutige Antwort auf diese Frage zu bekommen ist gar nicht so einfach, da hier physikalische Hypothesen erforderlich sind, in denen maßeinheitenbehaftete oder maßeinheitenlose Größen mit der trägen und der schweren Masse in Beziehung stehen würden. Offensichtlich gibt es in der Allgemeinen Relativitätstheorie keine derartigen Hypothesen, da ihr das Äquivalenzprinzip in Form eines Postulats als Grundlage dient.

Der amerikanische Physiker R. Dicke hat einen quantitativen Zugang für eine Beurteilung der Genauigkeit vorgeschlagen, die erforderlich ist, um das Äquivalenzprinzip zu überprüfen. Dickes Überlegungen gingen davon aus, daß man für jede Masse aus gewöhnlichen Substanzen Verhältnisse aufschreiben kann, in die die Masseäquivalente der Energien eingehen, die den in der Physik bekannten Wechselwirkungen entsprechen. Der Leser wurde am Anfang dieses Buches bereits daran erinnert, daß die Physiker vier Wechselwirkungen kennen: die Kernwechselwirkung, die elektromagnetische, die schwache und die Gravitationswechselwirkung. Für jeden im Labor befindlichen Körper von etwa 1 kg Masse und einer Dichte von etwa 1 kg/dm^3 kann man die folgenden Verhältnisse aufschreiben:

$$1:(10^{-2} \div 10^{-3}):(10^{-11} \div 10^{-14}):(10^{-28} \div 10^{-30}).$$

Bei diesen Verhältnissen wurde die Masse als eins angenommen, die der starken Wechselwirkung (Kernwechselwirkung) entspricht. Dieser Wert ist ungefähr gleich der Summe der Massen der Protonen und Neutronen[1]. Das Masseäquivalent der Energie, die der elektromagnetischen Wechselwirkung entspricht (die elektrostatische potentielle Energie der durch die Kernkräfte „zusammengeklebten" Protonen im Kern und die Wechselwirkungsenergie der Protonen und Elektronen), beträgt Bruchteile eines Prozentes der Masse, die der starken Wechselwirkung entspricht. Die Masse, die der schwachen Wechselwirkung entspricht, macht nur den 10^{-11}- bis 10^{-14}ten Teil, die der gravitativen Wechselwirkung entsprechende sogar nur den 10^{-28}- bis 10^{-30}sten Teil der starken Wechselwirkung aus. In diesen von Dicke angegebenen Verhältnissen ist nicht konkretisiert, von welcher Masse gesprochen wird, der trägen oder der schweren.

Eine gewisse Systematisierung der „Massesorten" gibt es entsprechend den bekannten Wechselwirkungsarten. Nimmt man zwei Körper aus unterschiedlichem Material (beispielsweise mit unterschiedlichem Verhältnis der Protonenzahl zur Neutronenzahl im Kern), dann kann man von vornherein davon ausgehen, daß der Beitrag der verschiedenen Wechselwirkungen zur Gesamtmasse bei diesen Körpern unterschiedlich sein wird. Wenn das Äquivalenzprinzip nicht allgemein gültig wäre, könnte man beispielsweise auch mutmaßen, daß das Verhältnis von träger und schwerer Masse für die starke und die elektromagnetische Wechselwirkung nicht übereinstimmt. Dann müßte man erwarten, daß der Newtonsche Versuch mit zwei Pendeln aus Substanzen, die im Mendelejewschen Periodensystem der Elemente weit voneinander entfernt stehen, ein positives Resultat ergibt, d. h., die Pendel mit gleicher Länge l würden verschiedene Perioden besitzen. Wie der Leser jedoch bereits weiß, waren die Ergebnisse dieses und der folgenden Versuche negativ.

---

[1]Nach den modernen Vorstellungen der Elementarteilchenphysik sind die Protonen und Neutronen gar nicht mehr so „elementare" Teilchen, sondern sie bestehen aus den sog. Quarks. Alle Eigenschaften der Protonen und Neutronen, darunter auch ihre Ruhmasse, hängen vom Charakter der Wechselwirkung zwischen den Quarks ab. Aus diesem Grund haben wir einen Zusammenhang zwischen den Protonen und Neutronen und der starken Wechselwirkung hergestellt, ohne im Rahmen des vorliegenden Buches bei dieser Frage ausführlicher verweilen zu können.

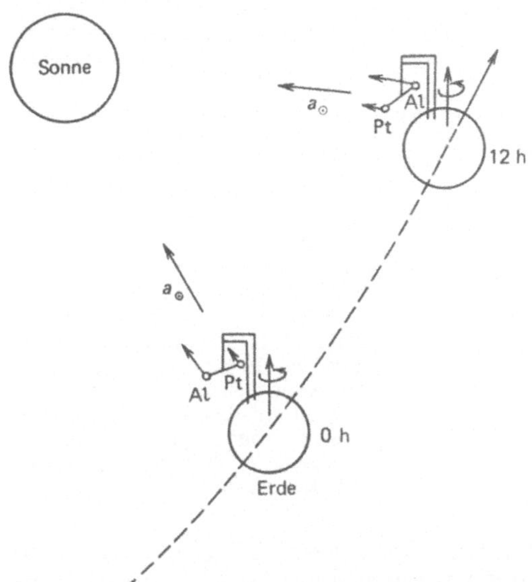

Abb. 13. Schematische Darstellung des Versuches zur Überprüfung des Äquivalenzprinzips

Unter Benutzung der von Dicke angegebenen Verhältnisse kann man nun die Bedeutung des Auflösungsvermögens, das in dem jeweiligen Experiment zur Überprüfung des Äquivalenzprinzips erreicht worden ist, zahlenmäßig bewerten. Gegenwärtig spricht man auf der Basis der vorhandenen Meßdaten gewöhnlich davon, daß das Äquivalenzprinzip im irdischen Labor auf dem Niveau der schwachen Wechselwirkung überprüft wurde und im kosmischen Experiment auf dem Niveau der gravitativen Wechselwirkung.

Wir wollen kurz bei zwei Versuchen verweilen, bei denen die größte Genauigkeit erreicht wurde. Der eine wurde an der Moskauer Staatlichen Universität auf der Basis einer von Dicke vorgeschlagenen Methode durchgeführt. Worin besteht das Wesen dieser Methode?

Bekanntlich fällt die Erde mit einer Beschleunigung von 0,6 cm/s^2 in Richtung Sonne. Dieser Fall endet nur dank der Anfangsbedingungen (Betrag und Richtung der Anfangsgeschwindigkeit) nicht mit einer Katastrophe für die Erde – sie „verfehlt" die Sonne systematisch, und das führt letztlich zu der nahezu kreisförmigen Bahn der Erde um die Sonne.

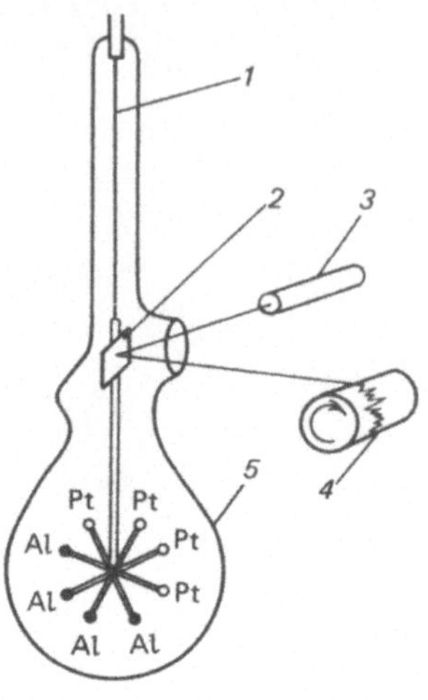

Abb. 14. Schematische Darstellung des Gerätes zur Überprüfung des Äquivalenzprinzips.
1 Wolframfaden mit einem Durchmesser von 5 μm, *2* Spiegel, *3* Laser, *4* Trommel mit Film, *5* Vakuumkammer

In der Nähe der Erde kann man das Gravitationsfeld der Sonne als homogen ansehen. Laut Dicke kann man das Äquivalenzprinzip folgendermaßen bequem überprüfen (Abb. 13). An den Enden einer Balkendrehwaage befestigt man zwei gleiche Massen aus zwei verschiedenen Materialien (in dem erwähnten Versuch wurden Aluminium und Platin benutzt). Wenn die Fallbeschleunigung dieser beiden Massen auf die Sonne verschieden ist, müßten sie die Drehwaage verdrehen. Da sich die Erde gleichzeitig mit ihrer Bewegung um die Sonne noch um ihre eigene Achse dreht, müßte sich die Drehwaage bezüglich eines irdischen Beobachters zu verschiedenen Tageszeiten in verschiedene Richtungen bewegen. Eine einfache Rechnung, die wir hier nicht anführen wollen, zeigt, daß sich die Drehwaage periodisch verdreht, wobei die an den Enden befestigten Gewichte maximal um

$$\Delta l \approx A \frac{a_\odot}{4\pi^2} T_0^2 \tag{7.4}$$

gegenüber der Gleichgewichtslage verschoben werden. In diesem Ausdruck für die Amplitude der Auslenkung ist $a_\odot = 0{,}6\ \mathrm{cm/s^2}$ die Schwerebeschleunigung in Richtung Sonne auf der Erdumlaufbahn und T_0 die Periode der Eigenschwingungen der Drehwaage; A ist die angenommene relative Differenz der Schwerebeschleunigung von Platin und Aluminium.

Der angegebene Ausdruck ist unter der Bedingung

gültig, daß T_0 kleiner als ein Tag ist. Aus ihm läßt sich ablesen, daß der Effekt um so größer ist, je größer die Periode der Eigenschwingungen ist; um so geringer sind dann die Schwierigkeiten bei der Konstruktion eines Systems zur Registrierung der kleinen Verschiebungen Δl. In dem beschriebenen Versuch war $T_0 = 5$ Std. 20 min $\approx 1{,}9 \cdot 10^4$ s. Wenn man diesen Wert in die Formel (7.4) einsetzt und $A \approx 10^{-12}$ annimmt, erhalten wir $\Delta l \approx 5 \cdot 10^{-6}$ cm. Dieser Wert läßt sich ziemlich leicht messen.

In Wirklichkeit wurden in diesem Versuch statt zwei acht Massen benutzt, vier aus Aluminium und vier aus Platin (Abb. 14). Dadurch wurde der Einfluß der Experimentatoren (und von auf dem Korridor Vorübergehenden) abgeschwächt, die aufgrund ihrer Eigenmasse die Drehwaage in Schwingung versetzen können. Die Auslenkung Δl bei $A \approx 10^{-12}$ ist dann allerdings etwas geringer. Zur Registrierung der Schwingungen wurde der Strahl eines Helium-Neon-Lasers auf einen Spiegel gerichtet, der im Mittelpunkt der Drehwaage angebracht worden war. Der reflektierte Strahl fiel auf eine langsam rotierende Trommel mit einem Filmstreifen. Um die Verschiebung des Lichtflecks zu vergrößern, wurde ein ziemlich großer Lichtarm des Lasers gewählt, ungefähr 50 m. Nach der Entwicklung des Filmstreifens bestimmt der Experimentator die Amplitude der Schwingungen der Drehwaage, deren Periode gleich einem Tag war und deren Phase so lag, daß die Maxima auf die Mittagszeit bzw. auf Mitternacht fielen.

Siebentägige Aufzeichnungen ergaben Amplitudenwerte, aus denen man schließen konnte, daß das Äquivalenzprinzip für Platin und Aluminium mindestens mit einer Genauigkeit von 10^{-12} gültig ist. Aus den oben angegebenen Verhältnissen für verschiedene Massesorten folgt, daß der Anteil der Masse, der für die schwache Wechselwirkung verantwortlich ist, und der Hauptteil der Masse, der mit der starken Wechselwirkung zusammenhängt, mit der gleichen Beschleunigung fallen. Das Äquivalenzprinzip ist also nicht nur für die starke, sondern auch für die schwache Wechselwirkung gültig.

In dem beschriebenen Versuch ist nahezu alles ausgeschöpft worden, was man unter irdischen Laborbedingungen erreichen kann. Wir wollen einige Einzelheiten des Experiments anführen. Die Drehwaage war an einem Draht mit einem Durchmesser von $5 \cdot 10^{-4}$ cm (etwa 1/10 des Durchmessers eines menschlichen Haares) aufgehängt.

Sie befand sich in einer Kammer mit einem Druck von weniger als 10^{-6} Pa, die wiederum sorgfältig vor Temperaturänderungen und Magnetfeldern abgeschirmt wurde. Die Abklingzeit der Schwingungen der Drehwaage betrug mehr als zwei Jahre. Das erlaubte es, die durch das thermische Rauschen hervorgerufenen Störungen wesentlich herabzusetzen. (Ausführlicher wird darüber noch im 12. Kapitel berichtet werden.) Die Vervollkommnung dieser Meßprozedur würde es möglicherweise noch erlauben, die Auflösung um weitere 1 bis 2 Größenordnungen zu erhöhen. Das würde jedoch noch nicht genügen, um die Gültigkeit des Äquivalenzprinzips auf dem Niveau der gravitativen Wechselwirkung zu überprüfen, da dieses für Körper unter irdischen Bedingungen 10^{-28} bis 10^{-30} beträgt (s. o.).

Unlängst wurde noch ein Versuch zur Überprüfung des Äquivalenzprinzips durchgeführt, bei dem Erde und Mond als Testteilchen dienten. An diesem Experiment haben sich mehrere Labors aus den USA beteiligt. Äußerlich erinnerte dieses Experiment an das oben beschriebene Schema des Laborversuches (s. Abb. 13), nur spielte diesmal die Erde die Rolle des Platinteilchens und der Mond die des Aluminiums. Während ihrer freien Bewegung um die Sonne kreisen diese beiden Körper gleichzeitig um den gemeinsamen Schwerpunkt.

Wenn die freie Bewegung der Erde und des Mondes um die Sonne und ihre freie Bewegung umeinander ohne Verletzung des Äquivalenzprinzips erfolgt, unterliegen die Abstandsänderungen zwischen ihnen genau den Gesetzen der Newtonschen Mechanik mit ein und derselben Gravitationskonstanten G. Den Abstand Erde–Mond kann man sehr genau bestimmen, wenn man die Laufzeit eines Laserimpulses von einer irdischen Quelle zu den Reflektoren mißt, die auf der Mondoberfläche von sowjetischen Mondsonden und der amerikanischen Apollo-Mission zurückgelassen wurden. Nachdem die Genauigkeit dieser Laserortung einige Zentimeter erreicht hatte, wurde es möglich, das Äquivalenzprinzip für die Massen der Erde und des Mondes mit hoher Auflösung zu überprüfen. Die Spezifik dieses Experiments besteht darin, daß der Beitrag der Gravitationsenergie eines Körpers wie der Erde zur Gesamtmasse dieses Körpers relativ groß ist. Für die Erde beträgt das Verhältnis der Masse, die mit ihrem Gravitationsfeld zusammenhängt, zur Gesamtmasse ungefähr

$4{,}6 \cdot 10^{-10}$, für den Mond beträgt dieses Verhältnis ungefähr $0{,}2 \cdot 10^{-10}$. Das ist um 18 Größenordnungen mehr als bei einer beliebigen Masse im irdischen Labor.

Das Hauptergebnis des Experiments mit Erde und Mond kann man folgendermaßen formulieren: Die schwere Masse, die mit dem Gravitationsfeld der Erde zusammenhängt, steht zu der entsprechenden trägen Masse im selben Verhältnis wie bei gewöhnlichen Laborkörpern. Diese Behauptung ist im Rahmen der Fehlergrenzen des Experiments, die etwa 1,5 % betragen, gültig.

Ergänzend zu der kurzen Beschreibung des Experiments erwähnen wir noch, daß die Messungen des Abstandes Erde – Mond vier Jahre andauerten. Dabei wurden sowohl die Inhomogenitäten der Masseverteilung über das Erd- bzw. Mondvolumen als auch Variationen der Winkelgeschwindigkeit von Erde und Mond sowie die Amplituden der Gezeitenwellen der Erdkruste und die Mondlibration (Schwankungen relativ zur Rotationsachse) berücksichtigt.

Wenn man die Bilanz aus unseren Darlegungen zieht, kann man feststellen, daß das Verhältnis der trägen zur schweren Masse für die starke und die gravitative Wechselwirkung mit sehr großer Genauigkeit übereinstimmt. Gegenwärtig sind noch keine Messungen mit Antimaterie ausgeführt worden, obwohl indirekte Überlegungen zeigen, daß das Äquivalenzprinzip auch für Antimaterie gültig sein muß.

8. Wie entsteht die Rot- bzw. Violettverschiebung elektromagnetischer Wellen?

Mit diesem Kapitel beginnend, werden die interessantesten und wichtigsten Experimente beschrieben, mittels derer verschiedene gravitative Erscheinungen untersucht worden sind. Damit ist im wesentlichen die Überprüfung der von der Allgemeinen Relativitätstheorie vorausgesagten Effekte gemeint. Die Beschreibung dieser Versuche nimmt einen beträchtlichen Teil des Gesamtumfangs unseres Buches ein. Die Autoren haben sich entschlossen, in jedes Kapitel eine gewisse Zahl technischer Details einfließen zu lassen. Damit erfüllen sie die im 6. Kapitel gegebene Ankündigung, weiter über das experimentelle Potential der Menschheit zu berichten und dem Leser eine Vorstellung davon zu vermitteln, was und mit welcher Genauigkeit die Experimentalphysiker heute messen können.

In dieses Kapitel wurden zwei Experimente aufgenommen: die Untersuchung des Verhaltens elektromagnetischer Wellen und elektromagnetischer Generatoren im statischen Gravitationsfeld.

Am 18. Juni 1976 wurde von der nordamerikanischen Ostküste eine Rakete mit einem Wasserstoffmaser als Frequenzstandard an Bord gestartet. Die Flugdauer betrug ungefähr zwei Stunden. Im Apogäum erreichte die Rakete eine Höhe von 10^4 km. Der Flug endete damit, daß die Rakete östlich des Bermudadreiecks in den Nordatlantik niederging. Dieser Flug war der letzte und entscheidendste Teil eines Experiments, das Prof. R. Vessot mit seinen Kollegen fünf Jahre lang vorbereitet hatte. Das Experiment hatte die Überprüfung der von der Allgemeinen Relativitätstheorie vorausgesagten Frequenzänderung von Photonen, die sich im Schwerefeld bewegen, zum Ziel.

Bevor wir ausführlich beschreiben, was und wie an diesem Junitag gemessen wurde, betrachten wir die prinzipielle Seite der Frage. Beginnen wir mit einem einfachen Modell. Wir stellen uns vor, eine Kugel der Masse m fällt aus der Höhe H zur Erde. Zu Beginn des freien Falls besaß die Kugel gegenüber der Erdoberfläche eine potentielle Energie mgH (g ist die Schwerebeschleunigung). Bis zur Erdoberfläche verwandelt sich die potentielle in kinetische Energie, und man kann folgende Gleichung schreiben:

$$mv^2/2 = mgH. \tag{8.1}$$

Stellen wir uns nun vor, wir würden anstelle der Kugel ein Photon in der Höhe H freilassen (genauer: es nach unten abstrahlen), dessen Energie $\hbar\omega$ beträgt ($\hbar$ ist die Plancksche Konstante). Wenn man die Formel $E = mc^2$ (s. 3. Kapitel) benutzt und $E = \hbar\omega$ setzt, kann man dem Photon eine Masse $m = \hbar\omega/c^2$ zuschreiben. Wir weisen darauf hin, daß diese Masse nicht der Masse der Kugel ähnelt. Das Photon besitzt nur eine Masse, solange es in Bewegung ist. Man sagt, seine Ruhmasse sei Null. Während der nach unten gerichteten Bewegung befindet sich das Photon ständig im Beschleunigungsfeld der Erde, und seine potentielle Energie verringert sich. Die Bewegungsgeschwindigkeit des Photons bleibt unverändert. (Diese Hypothese bedarf eigentlich einer zusätzlichen Analyse.) Um den Energieerhaltungssatz zu erfüllen, muß man annehmen, daß sich die Änderung der potentiellen Energie des Photons im Schwerefeld der Erde in einer Änderung der Photonenenergie selbst niederschlägt, also in einer Frequenzänderung. Da die Photonenenergie proportional der Frequenz ist, ergibt sich für die Frequenzverschiebung $\Delta\omega_G$

$$\hbar\Delta\omega_G = \frac{\hbar\omega}{c^2} gH. \tag{8.2}$$

Es ist klar, daß bei der Bewegung eines Photons von oben nach unten eine Frequenzerhöhung auftritt. Man spricht dann von einer Violettverschiebung, d.h., die Frequenz wird zur violetten Seite des Spektrums verschoben. Wenn sich das Photon von unten nach oben bewegt, muß eine Frequenzverschiebung zur roten Seite des Spektrums vonstatten gehen. Man spricht dann von einer Rotverschiebung.

In Gl. (8.2) kann man die Plancksche Konstante $\hbar$ kürzen. In diesem Fall spricht der Physiker davon, daß es sich um keinen Quanteneffekt, sondern um einen rein klassischen handelt. Die Gl. (8.2) läßt sich bequemer in der folgenden Form schreiben:

$$\Delta\omega_G/\omega = gH/c^2 = \Delta\varphi/c^2. \tag{8.3}$$

Für das Produkt gH ist hier die diesem gleiche Potentialdifferenz $\Delta\varphi$ bei einem Höhenunterschied H in der Nähe der Erdoberfläche eingesetzt worden. Die angeführte Ableitung darf man nur als Illustration betrachten, da sie auf einer Reihe von Hypothesen beruht (von denen wir eine herausgestellt haben). Eine exakte analytische Antwort kann man auf die Frage, wie sich die Frequenz eines sich im statischen Gravitationsfeld bewegenden Photons ändert, nur im Rahmen der Allgemeinen Relativitätstheorie erhalten. Die Antwort ist dieselbe, wie in (8.3) angegeben.

Um die Frequenzverschiebung im Schwerefeld nachzuprüfen, benötigt man also zwei Generatoren mit gleicher (oder nahezu gleicher) Frequenz. Einen dieser Generatoren muß man höher postieren und elektromagnetische Wellen ausstrahlen lassen. Dann muß man die beiden Frequenzen miteinander vergleichen. Offensichtlich ist dieser Effekt klein. Setzt man in die Formel (8.3) $H = 20$ m ein, erhält man tatsächlich nur $\Delta\omega_G/\omega \approx 2 \cdot 10^{-15}$. Genau bei diesem Höhenunterschied wurde 16 Jahre vor dem beschriebenen Ereignis (in den Jahren 1959 und 1960) die erste Überprüfung dieser einfachen Formel durchgeführt. (Das waren die berühmten Versuche von Pound und Rebka sowie später von Pound und Snider.) Das Ergebnis dieses Versuches war i. allg. zufriedenstellend. Die Formel erwies sich als richtig, die gemessene und die berechnete Frequenzverschiebung stimmten näherungsweise überein. Die Genauigkeit war mit 5 % des vorausgesagten Wertes jedoch nicht sehr befriedigend.

In der Regel geben sich die Experimentalphysiker bei der Überprüfung einer Theorie mit einer so geringen Genauigkeit nicht zufrieden. Um eine „Sicherheitsreserve" zu bekommen, entschloß man sich, eine Rakete zu benutzen, da dann der Effekt selbst wesentlich größer ist. In dem Versuch von 1976 entsprach der Höhenunterschied von 10000 km einer Potentialdifferenz $\Delta\varphi/c^2 \approx 4{,}5 \cdot 10^{-10}$, das sind etwa 5 Größenordnungen mehr als in den früheren Versuchen. Für diesen Versuch wurde ein spezieller Wasserstofffrequenzstandard angefertigt, den man an Bord einer Rakete bringen konnte. Seine relative Frequenzstabilität innerhalb von zwei Stunden (das ist länger als die Dauer des Experiments) betrug $5 \cdot 10^{-15}$. Wenn man diesen Wert mit dem erwarteten Effekt $\Delta\varphi/c^2 \approx 4{,}5 \cdot 10^{-10}$ vergleicht, könnte man mit einer Genauigkeit von 0,001 % rechnen. Leider finden sich in solchen (und in vielen anderen) physikalischen Versuchen immer etliche Gründe, weshalb der Gesamtvorrat an Empfindlichkeit (oder Auflösungsvermögen) nicht bis zum Ende ausgeschöpft werden kann. So war es auch in diesem Versuch. Der relative Fehler beim Vergleich der Frequenzverschiebung des Frequenzstandards an Bord der Rakete mit zwei gleichartigen Geräten auf der Erde betrug $2 \cdot 10^{-4}$ (d.h. 0,02 % der erwarteten Frequenzverschiebung, für die sich tatsächlich $\Delta\omega_{Gen} \approx 4{,}5 \cdot 10^{-10}\omega_{Gen}$ ergab).

Für die Experimentalphysiker und die Theoretiker, die eine Antwort erwarteten, war es sehr erfreulich, daß im Rahmen der Fehlergrenzen der Messung keinerlei Abweichung von den Voraussagen der Allgemeinen Relativitätstheorie nachgewiesen wurde. Die Gl. (8.3) ist also

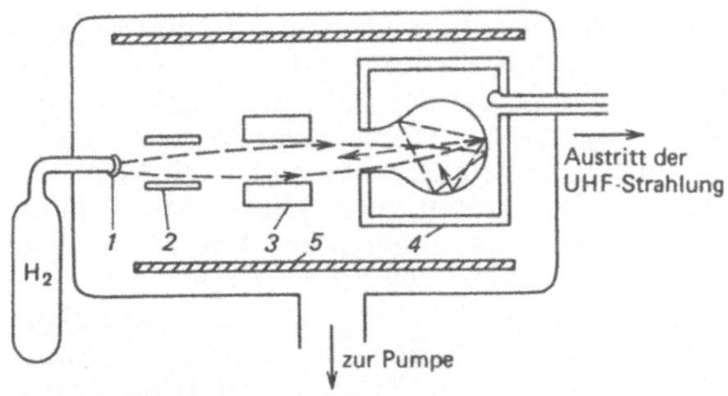

Abb. 15. Schematische Darstellung eines Wasserstofffrequenzstandards. *1* wasserstoffdurchlässiger Platinschwamm, *2* hochfrequente Anregung des Strahls von Wasserstoffatomen, *3* Quelle eines starken, inhomogenen Magnetfeldes, *4* UHF-Resonanzkammer, die auf die Frequenz $1{,}4 \cdot 10^9$ Hz abgestimmt ist, *5* magnetische Abschirmung

sehr genau. Das ist das Hauptergebnis des 1976 durchgeführten Experiments, das ebenso wie die Experimente von 1959 und 1960 inzwischen zu einem kleinen Abschnitt in der großartigen Geschichte der Experimentalphysik geworden ist.

Damit beim Leser nicht der Eindruck entsteht, der beschriebene Versuch sei einfach (einfach ist nur das oben beschriebene prinzipielle Schema), haben sich die Autoren entschlossen, einige wenige Details anzuführen. Zunächst beschreiben wir (wie im 6. Kapitel angekündigt) die Konstruktion eines Wasserstofffrequenzstandards. Äußerlich erinnert dieses Gerät an eine Tonne (Abb. 15). Im Innern herrscht ein Höchstvakuum von etwa 10^{-6} Pa (die Dichte des verdünnten Gases ist um 11 Größenordnungen kleiner als unter irdischen Normalbedingungen). Der „Eingang" des Wasserstoffstandards ist ein Metallröhrchen, dessen eine Seite von einem Platinschwamm verschlossen ist. Mit dem offenen Ende ist das Röhrchen an einen Druckbehälter mit Wasserstoff angeschlossen. Das mit dem Platinfilter verschlossene Ende des Röhrchens ist entlang der Achse in das Innere der Tonne gerichtet. Aus ihm tritt ein dünner Strahl von Wasserstoffatomen (etwa 10^{16} Atome je Sekunde) in das Vakuum aus.

Dieser Strahl gelangt zunächst zwischen Metallelektroden, an die eine hochfrequente Spannung angelegt ist. In diesem Gebiet werden die Wasserstoffatome durch das elektrische Feld angeregt. Im Vergleich zu der Verteilung, die sich im thermischen Gleichgewicht einstellt, gibt es jetzt mehr Atome im angeregten Zustand. Gleichzeitig werden die Wasserstoffmoleküle in diesem Feld in Atome zerlegt. Der Strahl dieser angeregten Atome gelangt jetzt in ein Gebiet, in dem mittels konstanter Magneten ein äußerst inhomogenes Magnetfeld erzeugt wird. Dieses Magnetfeld sortiert die Atome: Nur die angeregten Atome werden fokussiert, die anderen werden defokussiert (gestreut).

Das inhomogene Magnetfeld verhält sich gegenüber zwei bestimmten Quantenzuständen des Wasserstoffatoms so „wählerisch". In einem dieser Zustände sind die Rotationsachsen von Proton und Elektron parallel (man spricht von parallelen Spins), im anderen sind sie antiparallel. Wenn das Wasserstoffatom aus dem ersten in den zweiten Zustand übergeht, wird ein Photon mit einer Frequenz von ungefähr $1{,}4 \cdot 10^9$ Hz (Radiobereich) ausgesendet. Das ist die Frequenz des Wasserstoffstandards.

Der fokussierte Teil des Atomstrahls, der im wesentlichen aus Atomen im angeregten Zustand besteht, gelangt durch eine Öffnung in einen Hohlraumresonator, der auf die Frequenz dieses Übergangs abgestimmt ist. Nach ungefähr 100 000 Stößen mit dessen Wänden verläßt ihn das Wasserstoffatom durch dieselbe Öffnung. Sein weiteres Schicksal ist einfach, es wird durch kräftige Vakuumpumpen aus dem Innern dieses Gerätes entfernt.

Im Resonator befinden sich etwa 10^{12} angeregte Atome, und jedes verweilt dort ungefähr 1 s. Diese Bedingungen – Atome im angeregten Niveau und ein auf die Frequenz des entsprechenden Quantenübergangs abgestimmter Resonator – genügen, um den sog. Masereffekt in Gang zu setzen, d. h., die Atome emittieren kohärente (streng in Phase liegende) Photonen mit einer Frequenz, die sich nur sehr wenig von der Frequenz des Quantenübergangs unterscheidet. Das ist der prinzipielle Aufbau eines Wasserstoffmasers (eines Wasserstofffrequenzstandards).

Bei unserer Beschreibung haben wir eine Vielzahl kleiner Details ausgelassen, die jedoch eine überaus wichtige Rolle spielen, wenn eine Frequenzstabilität $\Delta\omega/\omega \lessapprox 5 \times 10^{-15}$ erreicht werden soll. Um die Rolle dieser Details zu veranschaulichen, erwähnen wir nur, daß das konstante Magnetfeld im Resonator kleiner als 10^{-7} T sein muß. Folglich sind eine magnetische Abschirmung und Sensoren zur Überwachung der Magnetfeldstärke erforderlich. Eine weitere Bedingung für die Erreichung einer hohen Frequenzstabilität ist die Konstanz der Temperatur der Wände des Resonators mit einer Genauigkeit von $\Delta T < 0{,}01$ K.

Zum Abschluß der Beschreibung des Experiments von 1976 wollen wir noch eine wichtige zusätzliche Messung erwähnen, die während des Fluges der Rakete ausgeführt werden mußte. Die Hauptaufgabe während der eigentlichen Messung bestand darin, den Dopplereffekt zu eliminieren, d.h. die Frequenzverschiebung infolge der Geschwindigkeit des Bordgenerators relativ zu dem irdischen. (Dieser Effekt wurde im 6. Kapitel behandelt.) Man kann leicht abschätzen, daß die Dopplerverschiebung um viele Größenordnungen größer als die erwartete Frequenzverschiebung im Schwerefeld ($4{,}5 \cdot 10^{-10}\omega$) ist. Während des Fluges wurden daher von mehreren irdischen Stationen mittels Radar ständig Positionsmessungen der Rakete vorgenommen. Ihre Lage wurde bis auf 1 m genau bestimmt, ihre Geschwindigkeit bis auf einige Zentimeter pro Sekunde. Darüber hinaus haben die Bearbeiter dieses Projektes noch zahlreiche weitere Test- und Vergleichsmessungen durchgeführt.

Wir wollen jetzt zum zweiten Experiment übergehen, das mit dem eben beschriebenen eng verwandt ist. Zunächst wollen wir kurz das Problem umreißen. Etwas vereinfacht läßt es sich folgendermaßen formulieren: Wie beeinflußt das Gravitationsfeld den Uhrengang? Angenommen, wir haben zwei Uhren zu unserer Verfügung. Wir synchronisieren diese Uhren an einem Ort (s. 3. Kapitel) und stellen sie anschließend eine gewisse Zeit τ in zwei Labors, in denen sich das Gravitationspotential um den Betrag $\Delta\varphi$ unterscheidet. Wenn sich diese Labors auf der Erde in unterschiedlicher Höhe befinden, ist $\Delta\varphi = gH$. Nach Ablauf der Zeit τ kann man die Uhren erneut an einem Ort zusammenführen und die Zeigerstellung vergleichen. Die Allgemeine Relativitätstheorie beantwortet die gestellte Frage eindeutig. Das Gravitationsfeld beeinflußt den Gang der Uhren (unabhängig von ihrer Bauweise), die Zeitdifferenz ist

$$\Delta\tau = \tau\frac{\Delta\varphi}{c^2}. \tag{8.4}$$

Vergleicht man diese Formel mit (8.3) für die Frequenzverschiebung im Gravitationsfeld, kann man feststellen, daß beide Effekte eng miteinander verwandt sind. Der Unterschied besteht darin, daß bei der Frequenzverschiebung die Differenz der Frequenzen, beim Uhrenvergleich dagegen die Phasenverschiebung gemessen wird (d. h. das Integral der Frequenzverschiebung über die Zeit). Die Allgemeine Relativitätstheorie sagt auch das Vorzeichen des Effektes voraus: Höhergelegene Uhren gehen schneller. Wenn man in diese Formel $\tau = 14$ h und $H = 10$ km einsetzt, erhält man $\Delta\tau \approx 5 \cdot 10^{-8}$ s $= 50$ ns.

Im 6. Kapitel wurde erwähnt, daß die Atomuhren die stabilsten Uhren sind und unter ihnen der Wasserstoffmaser am genauesten ist. Diese wurden in zwei Experimenten verwendet, die unabhängig etwa zur gleichen Zeit von einer italienischen und einer amerikanischen Gruppe durchgeführt worden sind. Erstere brachte auf einem Lastkraftwagen einige Frequenzstandards auf hohe Berge und nach Ablauf einiger Stunden zurück ins Tal, wo sie mit Frequenzstandards verglichen wurden, die im Tal geblieben waren. Formel (8.4) wurde im Rahmen der Fehlergrenzen der Messung (5 %) bestätigt, d. h., die Uhren, die auf dem Berg waren, gingen entsprechend der Voraussage der Allgemeinen Relativitätstheorie vor.

Die amerikanischen Physiker installierten einige Frequenzstandards in einem Flugzeug, das sie 14 h ununterbrochen kreisen ließen. Ihr Experiment bestätigte die Allgemeine Relativitätstheorie mit noch größerer Genauigkeit (1 %). Eine interessante Besonderheit des zweiten Experiments bestand darin, daß die Differenz zweier Effekte gemessen wurde. Der Uhrengang war nicht nur infolge des unterschiedlichen Gravitationspotentials verschieden, sondern auch aufgrund der Bewegung der Uhr im Flugzeug, die ja zunächst auf 400 km/h (die Flugzeuggeschwindigkeit im Experiment) beschleunigt und anschließend wieder abgebremst werden mußte.

Mit der Speziellen Relativitätstheorie (s. 3. Kapitel) kann man berechnen, wie sich der Uhrengang in beschleunigten (nichtinertialen) Bezugssystemen ändert. Dieser Effekt darf jedoch nicht damit verwechselt werden, daß die Zeit in unterschiedlichen Inertialsystemen unterschiedlich abläuft! Im Falle zweier Beobachter in zwei Inertialsystemen kann jeder Beobachter annehmen, daß die Uhren des anderen langsamer laufen. Wenn sie dennoch herausfinden wollen, wer recht hat, muß sich einer der Beobachter beschleunigt (bzw. verzögert) bewegen, um schließlich bezüglich des zweiten unbeweglich zu sein. Während dieser nichtinertialen Bewegung sammelt sich eine Differenz des Uhrenganges an, die von der ursprünglichen Relativgeschwindigkeit abhängt. Darin besteht gerade das berühmte Zwillingsparadoxon: Ein Kosmonaut, der in einer nahezu auf Lichtgeschwindigkeit beschleunigten Rakete in den Kosmos fliegt und dann zur Erde zurückkehrt, stellt fest, daß sein auf der Erde zurückgebliebener Zwillingsbruder wesentlich älter geworden ist als er selbst. Wir unterstreichen noch einmal, daß die gesamte „Zauberei" hier in der Beschleunigung verborgen ist, obwohl diese in der Antwort nicht offen zutage tritt. Wenn das Flugzeug mit 400 km/h fliegt, ergibt dieser Effekt in 14 h etwa 5 ns. Man muß also beim endgültigen Uhrenvergleich 50 ns − 5 ns = 45 ns Unterschied erhalten. Genau dieser Wert wurde am Ende gemessen!

Wir kehren zu dem Problem, wie das Gravitationsfeld den Zeitablauf beeinflußt, noch einmal zurück, wenn wir uns im 13. Kapitel mit den sog. Schwarzen Löchern beschäftigen. Das sind Objekte mit sehr starkem Gravitationsfeld.

9. Die Sonne verzerrt das Bild der Metagalaxis und verzögert Radioechos

Die beiden im 8. Kapitel behandelten Effekte im Gravitationsfeld tragen gewissermaßen skalaren Charakter. Die Änderung des Uhrenganges hängt nicht davon ab, ob die Uhren genau über den Kopf des Experimentators hochgehoben wurden oder nur zur Seite bewegt worden sind. Nur die Differenz des Gravitationspotentials spielt eine Rolle. Auf Äquipotentialflächen (auf der Erde in gleicher Höhe) laufen alle gleichartigen Uhren synchron. Das gleiche gilt für die Rot- bzw. Violettverschiebung der Photonen. Wenn man von den vier Raum-Zeit-Koordinaten spricht, dann beziehen sich die im 8. Kapitel behandelten Effekte allein auf die Zeitkoordinate: das Gravitationsfeld beeinflußt den Uhrengang. In diesem Kapitel werden wir Effekte der Allgemeinen Relativitätstheorie behandeln, die

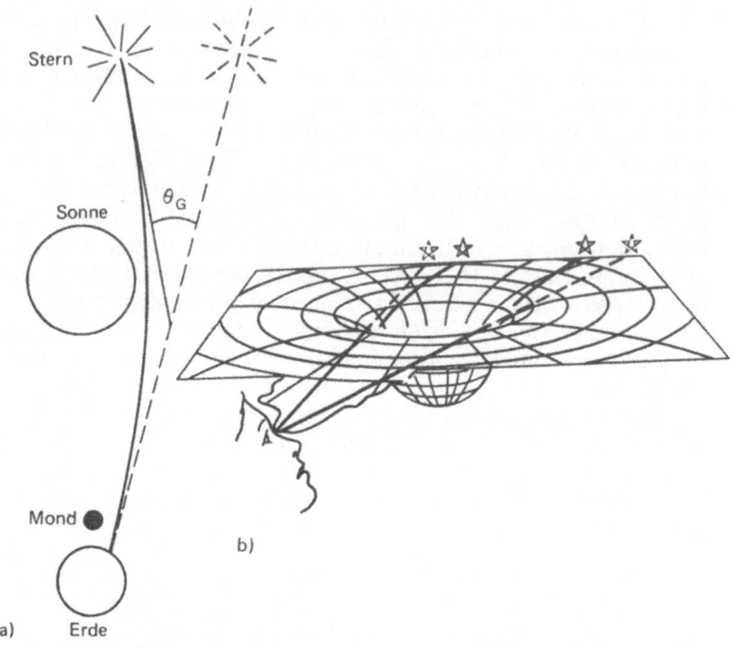

Abb. 16. a) Schematische Darstellung des Versuches zur Messung der Lichtablenkung im Schwerefeld der Sonne ($\Theta_G \approx 1{,}75''$);
b) zweidimensionales Analogon, das den Einfluß der Krümmung des dreidimensionalen Raumes auf die Lichtablenkung illustriert

geometrischer Natur sind. Wir werden von der Verbiegung der Bahn von Licht- und Radiowellen im Gravitationsfeld sprechen, also vom Einfluß des Gravitationsfeldes auf die räumlichen Koordinaten, mittels derer die Bahn beschrieben wird.

Einstein selbst hat bereits 1917 als erster ein entsprechendes Experiment vorgeschlagen. Stellen wir uns einmal vor, wir würden die Sterne fotografieren, wenn ihre Strahlen nahe am Sonnenrand vorbeilaufen (Abb. 16). Das kann man während einer totalen Sonnenfinsternis tun, wenn die Mondscheibe für den irdischen Beobachter die Sonnenscheibe vollständig bedeckt. Fotografiert man dasselbe Himmelsgebiet nach einem halben Jahr nochmals (die Sonne befindet sich dann für den irdischen Beobachter weit entfernt von diesem Himmelsgebiet), dann kann man durch den Vergleich der beiden Fotografien mögliche Änderungen des Winkelabstandes zwischen benachbarten Sternen messen.

Der Lichtstrahl von einem Stern wird im Gravitationsfeld der Sonne um so stärker abgelenkt, je näher er am Sonnenrand vorbeiläuft. Deshalb ist die Verschiebung der abgebildeten Sterne um so größer, je geringer ihr Abstand von der Sonnenscheibe ist. Diese einfache qualitative Erörterung ergibt jedoch noch nicht das Wesentliche, das man zu einer experimentellen Überprüfung benötigt: einen Zahlenwert. Ob man wohl wieder wie im 8. Kapitel das Photon als Kugel mit einer Masse $m = E/c^2 = \hbar\omega/c^2$ betrachten kann, die sich mit Lichtgeschwindigkeit bewegt? Geht man von der Newtonschen Gravitationstheorie aus, so erhält man folgende Antwort. Die Winkelverschiebung von Sternen, deren Strahl in der Nähe des Sonnenrandes verläuft, beträgt 0,87″. Wenn man dagegen von der Allgemeinen Relativitätstheorie ausgeht, ist das Ergebnis doppelt so groß. Warum ergibt derselbe einfache Trick (der Ersatz des Photons durch ein gewöhnliches Teilchen mit der Masse $m = \hbar\omega/c^2$), den wir im vorangegangenen Kapitel zur Berechnung der Frequenzänderung erfolgreich angewendet haben, ein unrichtiges Ergebnis, wenn die Krümmung der Bahn des Photons berechnet werden soll? Laut der Newtonschen Gravitationstheorie wirken die Gravitationskräfte auf Körper in einer flachen Raum-Zeit, und der Körper bewegt sich dann auf gekrümmten Bahnen (beispielsweise entlang einer Hyperbel, einer Parabel oder einer Ellipse).

Man kann jedoch auch die folgende Frage stellen: In welcher gekrümmten Raum-Zeit entsprechen die von der Newtonschen Theorie vorausgesagten Lichtbahnen den vierdimensionalen Geodäten? Es stellt sich heraus, daß dieser vierdimensionale Raum räumlich eben ist. Das heißt, der dreidimensionale Raum ist zu jedem Zeitpunkt euklidisch, aber die Zeit läuft in verschiedenen Raumpunkten in Abhängigkeit vom Wert des Newtonschen Gravitationspotentials unterschiedlich ab, ganz in Übereinstimmung mit den im 8. Kapitel behandelten Effekten.

Dagegen sagt die Allgemeine Relativitätstheorie im Falle eines schwachen Feldes (schwach in dem Sinne, daß $\Delta\varphi/c^2 \ll 1$ gilt) eine vierdimensionale Raum-Zeit voraus, in der nicht nur die Zeit in verschiedenen Punkten des dreidimensionalen Raumes verschieden abläuft, sondern der dreidimensionale Raum selbst gekrümmt, d. h. nicht genau euklidisch ist. Daher ist es kein Zufall, daß das Ergebnis eines beliebigen Experiments im schwachen Gravitationsfeld dann auch auf Newtonsche Weise formuliert werden kann, wenn die räumliche Krümmung aus dem einen oder anderen Grund in diesem Experiment nicht wichtig ist. Gerade mit derartigen Experimenten hatten wir es im 8. Kapitel zu tun. Andererseits beinhaltet die Allgemeine Relativitätstheorie von Anfang an das Korrespondenzprinzip, wonach alle ihre Voraussagen in sehr schwachen Gravitationsfeldern und bei im Vergleich zur Lichtgeschwindigkeit sehr kleinen Geschwindigkeiten mit den Voraussagen der Newtonschen Theorie übereinstimmen. Letzteres bedeutet, daß die Geodäten langsamer Teilchen laut Allgemeiner Relativitätstheorie die Krümmung des dreidimensionalen Raumes fast „nicht fühlen". Wenn man dagegen über die Geodäten der allerschnellsten Teilchen, der Photonen, spricht, wird die räumliche Krümmung wesentlich. Man kann es auch so formulieren: Die Verbiegung der Photonenbahnen setzt sich aus zwei Effekten zusammen: einer hängt mit der Änderung des Uhrenganges zusammen, der andere mit der Raumkrümmung. Die auf der Allgemeinen Relativitätstheorie basierenden Berechnungen ergeben, daß diese beiden Effekte die gleiche Ablenkung ergeben und ihre Addition zu dem Faktor zwei im Endergebnis führt. Dieser Faktor spielt also eine Schlüsselrolle.

Das Ergebnis von Einsteins Berechnungen kann in einer sehr einfachen Form niedergeschrieben werden: Er erhielt für den Winkel Θ_G der Lichtablenkung (s. Abb. 16) den Wert

$$\Theta_G = \frac{4GM_\odot}{c^2 R_\odot} \frac{R_\odot}{R} = \frac{1{,}75''}{\rho}. \qquad (9.1)$$

G ist die Gravitationskonstante, $M_\odot$ bzw. $R_\odot$ sind Sonnenmasse bzw. -radius, R ist der Stoßparameter und $\rho = R/R_\odot$.

Von F. Dyson, A. Eddington und C. Davidson wurde dieser Effekt am 29. Mai 1919 erstmals überprüft. Das Experiment ergab eine eindeutige Antwort: Der beobachtete Wert lag nahe dem erwarteten Wert von 1,75". Aber die Meßfehler betrugen ungefähr 20% des erwarteten Wertes. Das genügt zwar durchaus, um die rein Newtonsche Berechnung zu verwerfen und sich der Allgemeinen Relativitätstheorie zuzuwenden. Diese Genauigkeit genügt jedoch noch nicht für eine zuverlässige Überprüfung der Allgemeinen Relativitätstheorie. Nachdem diese aufgestellt worden war, wurden nämlich noch eine ganze Reihe von alternativen Gravitationstheorien vorgelegt, die sich in ihren Voraussagen bisweilen nicht so stark von der Allgemeinen Relativitätstheorie unterscheiden wie die Newtonsche Gravitationstheorie. Bei Meßfehlern von 20% kann man zwischen diesen Theorien und der Allgemeinen Relativitätstheorie keine Entscheidung treffen. (Alternative Gravitationstheorien werden wir im 15. Kapitel noch ausführlicher behandeln.) Daher wurden nach dem ersten Experiment mehrere Versuche unternommen, dieses zu wiederholen, wobei die gleiche Meßprozedur beibehalten wurde. Leider konnten sich die Experimentatoren keiner besonderen Erfolge rühmen. Die Meßgenauigkeit wuchs zwar, jedoch nicht wesentlich. Und einige Versuche gelangen überhaupt nicht.

Für die Mißerfolge gibt es mehrere Gründe. Häufig passierte es, daß die Expedition der Astronomen zu einer bestimmten Stelle aufbrach, an der eine totale Sonnenfinsternis beobachtet werden sollte. Und gerade an jenem Tag und zu jener Stunde, wenn schon alle Teleskope und Fotoplatten bereit waren, bedeckte sich der Himmel mit Wolken, oder die Atmosphäre war stark gestört, so daß sich verschwommene Abbildungen ergaben. Aber es gibt noch einen weiteren Grund, der es auch dann nicht erlaubt, die Meßgenauigkeit wesentlich zu erhöhen, wenn der Himmel klar und die Atmosphäre ungestört ist. Dieser Grund ist die Beugung des Lichtes. Die Beugung des Lichtes hängt mit dem Wellencharakter der elektromagnetischen Strahlung zusammen. Sie zeigt sich beispielsweise darin, daß die Welle Hindernisse (einen Schirm) „umlaufen“ und in das Schattengebiet „vordringen“ kann (wenn dieses rein geometrisch definiert ist). Aufgrund der Beugung besitzen die Abbildungen der Sterne auf den Fotoplatten der Teleskope immer endliche Ausdehnungen.

In Abb. 17 ist vereinfacht dargestellt, wie man den Winkelabstand Θ eines Sterns von der Teleskopachse bestimmt. Aus der Zeichnung ist ersichtlich, daß $\Theta = B/f$ gilt, wobei f die Brennweite der Linse ist. Die Ausdehnung ΔB der Abbildung ist aufgrund der Beugung der Lichtwellen immer endlich und durch

$$\Delta B = \lambda \frac{f}{D} \qquad (9.2)$$

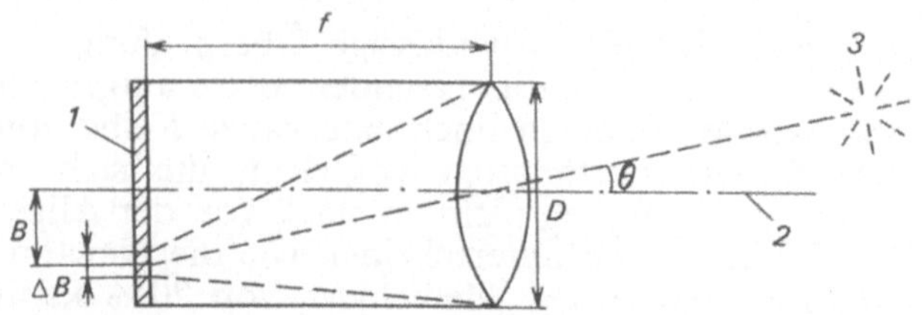

Abb. 17. Einfluß der Beugung im optischen Teleskop.
1 Fotoplatte, *2* Teleskopachse, *3* Stern

gegeben, wobei D der Durchmesser des Teleskops ist. λ ist die mittlere Wellenlänge des Lichtes, das von der Fotoplatte registriert wird. Aus dieser Beziehung folgt, daß

$$\Delta\Theta = \Delta B/f \approx \lambda/D\,. \tag{9.3}$$

Wenn man nun von $\lambda = 5 \cdot 10^{-5}$ cm und $D = 50$ cm ausgeht, ergibt sich $\Delta\Theta \approx 10^{-6}$ rad $\approx 0{,}2''$.

Die einfache Formel (9.3) zeigt, daß man Teleskope mit großem Durchmesser D benutzen muß, um die Winkelauflösung zu erhöhen. Wenn man aber genau nachdenkt, wird man feststellen, daß die Beziehung (9.3) durchaus nicht die Genauigkeit definiert, mit der der Winkel Θ gemessen werden kann, denn ein sorgfältiger Experimentator wird sich bemühen, die Lage des Zentrums eines Flecks mit der Ausdehnung ΔB zu ermitteln. Das kann man recht genau tun. Der Fleck auf der Fotoplatte besteht ja aus ziemlich vielen Silberkörnern, die durch das Auftreffen vieler Millionen Photonen entstanden sind. Diese Überlegung ist zweifellos richtig. Um jedoch diese Reserve zu nutzen, muß die Platte relativ lange belichtet werden. In diesem Zeitraum werden die Störungen der Lage des Flecks, die durch die Fluktuationen in der Atmosphäre hervorgerufen werden, ebenfalls gemittelt.

Andererseits dauert jedoch eine totale Sonnenfinsternis nicht sehr lange. Aufgrund all dieser Ursachen gelang es den Astronomen bei allen Experimenten zur Bestimmung der Winkelverschiebung von Sternen im Gravitationsfeld der Sonne nicht, eine höhere Meßgenauigkeit als 10% des vorausgesagten Wertes zu erreichen. Diese Situation blieb bis 1970 bestehen, als die Radiophysiker die ersten Radiointerferometer mit überlangen Basen schufen. In den folgenden 10 Jahren, d. h. bis zum Ende der 70er Jahre, wurde die Ablenkung elektromagnetischer Wellen im Gravita-

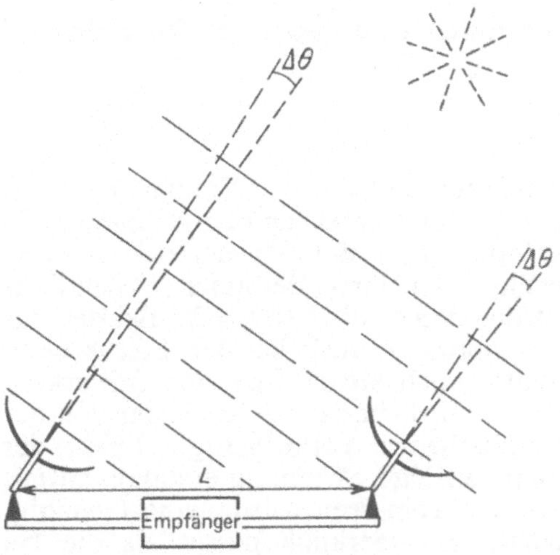

Abb. 18. Schematische Darstellung eines Radiointerferometers mit der Basislänge *L*

tionsfeld der Sonne in vielen Laboratorien der Welt, die derartige Radiointerferometer besitzen, gemessen. Im Zuge der Vervollkommnung der Apparaturen wurde die Meßgenauigkeit erhöht, am Ende des letzten Jahrzehnts erreichte sie 0,01″. In diesen Fehlergrenzen (d. h. etwa 0,5 % von 1,75″) wurde die Voraussage der Allgemeinen Relativitätstheorie bestätigt.

Wir wollen die radiointerferometrischen Meßmethoden etwas ausführlicher betrachten. In Abb. 18 ist ein Radiointerferometer mit einer großen (aber noch nicht überlangen) Basis schematisch dargestellt. Es besteht aus zwei Parabolantennen, deren Achsen annähernd parallel sind. Von den beiden Antennen laufen UHF-Kabel zu einem Empfänger, von dem die von einer hellen Radioquelle eintreffenden Signale synchron aufgenommen werden. Das bedeutet, daß nur die elektromagnetischen Schwingungen, die die Antennen gleichzeitig erreicht haben (die Radiophysiker sagen „in Phase“), verstärkt werden.

Die Beugung der elektromagnetischen Wellen im UHF-Bereich spielt in diesem Empfänger die gleiche Rolle wie im optischen Teleskop. (Die Beugung ist eine allen Wellenprozessen eigene Erscheinung.) Wegen der Interferenz ist die Keulenbreite im Strahlungsdiagramm eines

Radiointerferometers durch eine ebenso einfache Formel wie (9.3) gegeben:

$$\Delta\Theta \approx \lambda/L. \tag{9.4}$$

Hier ist λ die Wellenlänge, auf die der Empfänger abgestimmt ist, und L der Abstand zwischen den Antennen (die Basislänge des Interferometers). Bei den ersten Versuchen war die Basis ungefähr 3 km lang. Bei einer Wellenlänge von $\lambda = 3$ cm ergibt das $\Delta\Theta \approx 10^{-5}$ rad $= 2''$. Bei derartigen Messungen kann man wie auch bei den Sternscheibchen auf der Fotoplatte noch kleine Teile von $\Delta\Theta$ erkennen. Aus diesem Grund wurde bereits 1971, als der von der Allgemeinen Relativitätstheorie vorausgesagte Effekt der Ablenkung elektromagnetischer Strahlung erstmals mittels eines Interferometers nachgemessen wurde, eine Genauigkeit von 6% erreicht, was merklich besser als die bei optischen Messungen erreichte Genauigkeit war.

An dieser Stelle muß man einflechten, daß es am Himmel relativ viele helle Radioquellen gibt. Während der Messung wurden „Bedeckungsquellen“ benutzt, d. h. Quellen, die hinter der Sonne verschwinden. Die wesentliche Erhöhung der Genauigkeit der Radiomessungen wurde hauptsächlich deshalb erreicht, weil die Atmosphäre für Radiowellen im UHF-Bereich weitaus durchsichtiger als für optische Strahlen ist. Folglich sind die Störungen der Wellenfronten bedeutend schwächer. Der zweite Vorzug besteht darin, daß man messen kann, ohne Sonnenfinsternisse abwarten zu müssen. Das Radioteleskop ist im optischen Bereich blind, d. h., man kann immer messen, wenn sich eine helle Radioquelle der Sonnenscheibe nähert.

Das war jedoch nur die erste Etappe der Arbeit. Wie wir bereits erwähnt haben, benutzte man anfangs Radiointerferometer mit langen, jedoch nicht überlangen Basen. In Ländern, in denen die wissenschaftliche Forschung ein hinreichend hohes Niveau erreicht hat, gibt es in der Regel mehrere Radioteleskope. Diese sind gewöhnlich ausreichend weit voneinander entfernt, einige hundert Kilometer vielleicht. Es ist klar, daß man durch Vergrößerung der Basis L eines Radiointerferometers von 3 km auf beispielsweise 300 km die Winkelauflösung um zwei Größenordnungen verbessern kann.

Die Verbindung der Radioteleskope mittels eines

UHF-Kabels entsprechender Länge wäre jedoch eine äußerst teure Angelegenheit. Die Radiophysiker haben vorgeschlagen, dieses lange Kabel durch zwei Frequenzstandards und zwei gute Magnetbandaufzeichnungsgeräte zu ersetzen. Diese Idee ist außergewöhnlich einfach. Wenn zwei Hunderte Kilometer voneinander entfernte Radioteleskope wie ein einheitliches Radiointerferometer arbeiten sollen, müssen die Radiosignale synchron empfangen werden, d. h., es dürfen nur die elektromagnetischen Schwingungen registriert werden, die in Phase liegen. Radiosignale kann man auf Magnetband aufzeichnen (gewöhnlich nach einer Frequenzmodulation). Die Aufzeichnungen von zwei Magnetbandgeräten, die an die Ausgänge von zwei Radioteleskopen angeschlossen sind, kann man synchronisieren, wenn auf dieselben Magnetbänder mittels zweier äußerst stabiler Generatoren Zeitmarken aufgeprägt werden. Dann braucht man nur die beiden Magnetbänder mit den Aufzeichnungen der Radiosignale und den Zeitmarken in ein Laboratorium zu bringen und dort die Radiosignale zu berücksichtigen, die beide Antennen in Phase erreicht haben. Das ist die Grundidee der Radiointerferometrie mit überlangen Basen.

Mit dieser Methode gelang es 1978, die Fehlergrenze bei Messungen der Ablenkung elektromagnetischer Wellen im Gravitationsfeld der Sonne auf 0,5% zu senken (100% entsprechen dem Effekt selbst). Wie auch in den vorangegangenen Versuchen wurden in den Grenzen der Meßgenauigkeit keinerlei Abweichungen von den Voraussagen der Allgemeinen Relativitätstheorie nachgewiesen.

Der Leser mag sich fragen, warum der Übergang von einem Radiointerferometer mit der Basislänge 3 km zu einem mit überlanger Basis (300 km) zu einer Verringerung der Fehlergrenzen nur um eine Größenordnung (von 6 auf 0,5%) geführt hat und nicht um zwei. Der Grund dafür liegt darin, daß man bei Messungen der Winkelverschiebung von Radioquellen in der Größenordnung von hundertsteln Bogensekunden zwar die Erdatmosphäre vernachlässigen kann: leider bewirkt die „Atmosphäre" der Sonne, die Sonnenkorona, jedoch bedeutende Korrekturen.

Radiointerferometer mit überlangen Basen werden natürlich nicht nur zur Messung des genannten Effektes der Allgemeinen Relativitätstheorie benutzt. Mit ihrer Hilfe gelang es beispielsweise auch, Reliefkarten der Planeten

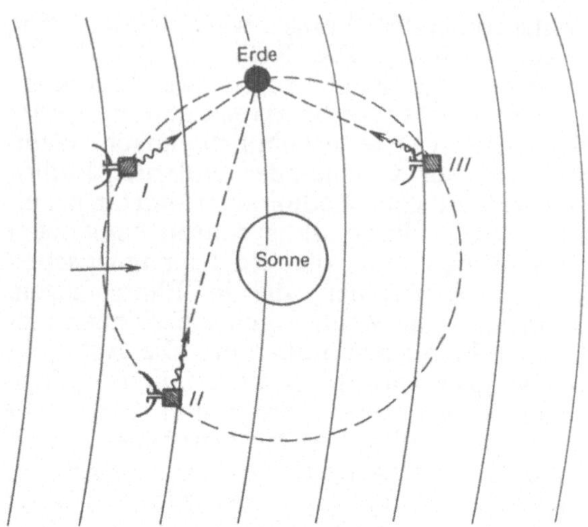

Abb. 19. Prinzip des kosmischen Radiointerferometers nach N. S. Kardaschow.
I, *II*, *III* Radioteleskope auf Satelliten. Mit den dünnen durchgezogenen Linien ist die Lage der Wellenfronten der elektromagnetischen Strahlung einer weit entfernten Quelle angedeutet

Mars und Venus aufzunehmen. Das war außerordentlich wichtig, um Landeplätze für die dahin gesandten Raumsonden auszuwählen.

Wir wollen noch bei einem äußerst interessanten Projekt verweilen, das von dem sowjetischen Astrophysiker N. S. Kardaschow vorgeschlagen worden ist. Stellen wir uns einmal vor, wir hätten drei Raumsonden zu unserer Verfügung, die sich auf einer heliozentrischen Umlaufbahn befänden (Abb. 19). Weiterhin nehmen wir an, daß sich auf jeder Sonde ein Radioteleskop befindet und diese alle in die gleiche Richtung orientiert sind. Wenn man die Radiosignale von einer äußerst weit entfernten Quelle auf diesen Sonden ebenso aufzeichnet wie bei der Radiointerferometrie mit überlangen Basen und diese Aufzeichnungen (mit anderen Antennen) dann zur Erde sendet, wo sie gemeinsam verarbeitet werden können und die synchronen Radiowellen herausgeteilt werden können, dann kann man auf diese Weise ein Radioteleskop mit überüberlanger Basis realisieren. Tatsächlich spielt hier der Durchmesser der Erdbahn ($3 \cdot 10^{13}$ cm) die Rolle der Basis. Wenn die Empfänger an Bord der Sonden auf eine mittlere Wellenlänge von 3 cm abgestimmt sind, dann ergibt sich eine Winkelauflösung von ungefähr $2 \cdot 10^{-13}$ rad, das sind etwa $2 \cdot 10^{-8}$ Bogensekunden! Mittels eines derartigen Radiointerferometers könnte man sogar ziemlich kleine Details am Rande der Metagalaxis unterscheiden, d. h. am Rande des Gebietes des Universums, das im Prinzip heutigen Beobachtungen zugänglich ist (vgl. 14. Kapitel). Damit scheinen einige prinzipiell neue „kosmologische" Versuche möglich zu werden.

Wir haben den Effekt der Lichtablenkung oder, was dasselbe ist, die Drehung der Front elektromagnetischer Wellen während der Ausbreitung im statischen (d. h. zeitlich unveränderlichen) Gravitationsfeld der Sonne untersucht. Die Wellenfront dreht sich um einen bestimmten Winkel, und dem irdischen Beobachter scheint es so, als würde sich die Strahlungsquelle am Himmel verschieben. Diese Winkelverschiebung ist für den Teil der Front am größten, der sich dem Sonnenrand am nächsten befindet. Die Ablenkung ist um so kleiner, je größer die Entfernung des Strahls von der Sonne ist. Aus der gewöhnlichen Optik ist wohlbekannt, daß Prismen und Linsen aus optisch dichteren Materialien (Glas, Quarz, durchsichtige Minerale) ebenfalls die Front der elktromagnetischen Wellen „verdrehen". Wenn man diese Analogie benutzt, kann man behaupten, daß das statische Gravitationsfeld gewissermaßen eine zusätzliche Brechzahl für die elektromagnetischen Wellen ergibt. (Das Gravitationsfeld entspricht einem optisch dichteren Medium als das „reine" Vakuum, das weit entfernt von gravitativ wirksamen Massen herrscht.) Diese zusätzliche Brechzahl Δn ist ungefähr gleich dem Verhältnis $-\varphi/c^2$ ($\varphi = -GM/r$ ist das Gravitationspotential, c die Ausbreitungsgeschwindigkeit der elektromagnetischen Welle).

Die erwähnte Analogie hat möglicherweise als Anstoß dafür gedient, einen weiteren Versuch zur Überprüfung der Allgemeinen Relativitätstheorie vorzuschlagen, der dann auch durchgeführt worden ist. Die Idee für diesen Versuch ist einfach. Wenn das statische Gravitationsfeld für elektromagnetische Wellen eine zusätzliche Brechzahl ergibt, muß es elektromagnetische Impulse verzögern, da die Ausbreitungsgeschwindigkeit der elektromagnetischen Wellen in optisch dichteren Medien kleiner als im „reinen" Vakuum ist. Stellen wir uns einmal vor, daß sich ein elektro-

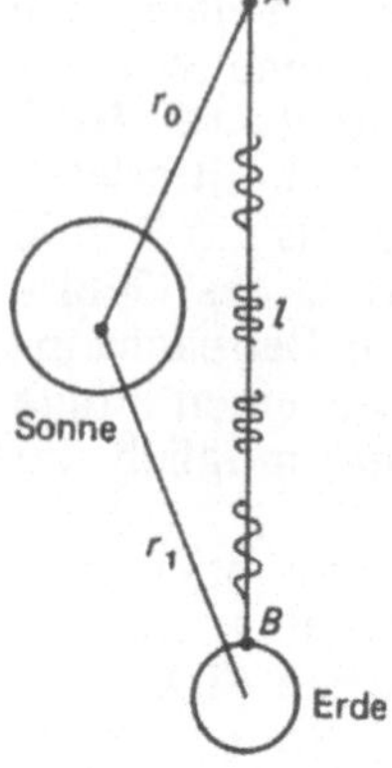

Abb. 20. Schematische Darstellung des Versuches zur Messung der Verzögerung von Impulsen elektromagnetischer Strahlung im Gravitationsfeld der Sonne

magnetischer Impuls von einer Quelle A nahe an der Sonnenscheibe vorbei zu einem Empfänger B bewegt (Abb. 20). Auf der Allgemeinen Relativitätstheorie fußende Berechnungen ergeben für die Verzögerung Δt die einfache Formel

$$\Delta t = \frac{GM_{\odot}}{c^3} \ln \frac{r_0 + r_1 + l}{r_0 + r_1 - l}, \tag{9.5}$$

in der c die Lichtgeschwindigkeit ist. Der Sinn von r_0, r_1 und l wird aus Abb. 20 klar. Angenommen, von dem auf der Erde gelegenen Punkt B wird ein Radioimpuls zum Punkt A, der auf dem Mars liegt, geschickt. Dort wird er reflektiert und kehrt zur Erde zurück. Wenn sich der Mars in der Nähe der sog. oberen Konjunktion befindet (etwa so, wie in Abb. 20 dargestellt), ist $\Delta t \approx 2 \cdot 10^{-4}$ s für den Impuls, der sich von B nach A und umgedreht bewegt. Es ist angebracht zu bemerken, daß diese Verzögerung einer effektiven Wegverlängerung von 60 km entspricht. Wenn wir uns daran erinnern, daß die Fehlergrenze bei der Entfernungsbestimmung zwischen irdischen Antennen und Antennen auf interplanetaren Raumsonden bei etwa 1 m liegt (s. 6. Kapitel), ist es offensichtlich, daß dieser Effekt mit sehr großer Genauigkeit gemessen werden kann.

Die Verzögerung von Radiosignalen wurde seit 1967 mehrfach gemessen, zuletzt 1981. Die größte Genauigkeit wurde von Wissenschaftlern des Massachusetts Institute of Technology (USA) erreicht. Nach ihren Messungen stimmt die Verzögerung innerhalb der Fehlergrenzen von 0,2%

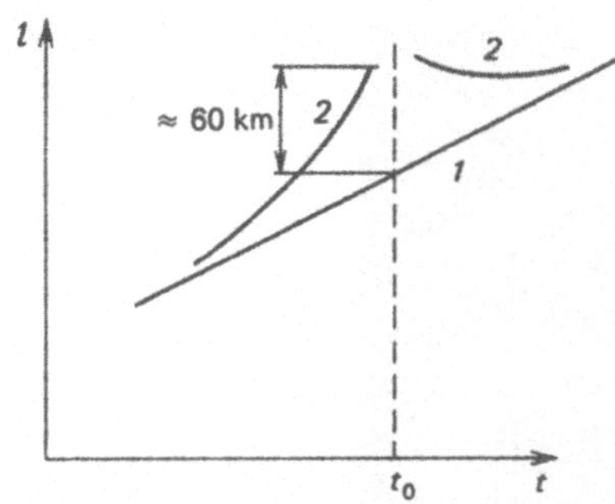

Abb. 21. Zeitabhängigkeit des gemessenen Abstandes *l* eines künstlichen Marssatelliten von der Erde. *1* gemessener Abstand, berechnet nach der Newtonschen Theorie, *2* tatsächlich gemessener Abstand (Laufzeitmessung), t_0 Zeitpunkt der oberen Konjunktion, zu dem sich Erde, Sonne und Mars auf einer Linie befinden

des Wertes mit der Voraussage der Allgemeinen Relativitätstheorie überein. Das ist die höchste Genauigkeit, die bei der Überprüfung der Allgemeinen Relativitätstheorie im Gravitationsfeld der Sonne erreicht worden ist.

Um dem Leser eine Vorstellung davon zu vermitteln, wie diese Messungen tatsächlich durchgeführt werden, muß man zunächst einmal feststellen, daß weder der Punkt *A* noch der Punkt *B* unbeweglich waren. Tatsächlich ist der UHF-Impulsgeber mit der Antenne eines Radioteleskops auf der Erde verbunden, während sich der Zwischensender mit Verstärker und einer kleinen, auf die Erde gerichteten UHF-Antenne auf einem Satelliten befand, der den Mars umkreist hat. Und all diese Körper kreisen noch um die Sonne. Der irdische Beobachter kann nur die Gesamtlaufzeit des Impulses, also hin und zurück, messen, d. h., er mißt die Entfernung *l*. Er kann allerdings diese Werte in verschiedenen Zeitintervallen messen und während der Bewegung von Erde, Mars und des Satelliten für die folgenden Zeitpunkte den Wert *l* im voraus berechnen. Diese Berechnungen kann man entweder auf der Basis des Newtonschen Gravitationsgesetzes oder auf der Basis der Allgemeinen Relativitätstheorie durchführen. Die beiden Kurven in Abb. 21 zeigen die berechnete Entfernung *l* in der Nähe der oberen Konjunktion. Die Voraussage der Allgemeinen Relativitätstheorie stimmt gut mit den aus der Laufzeit der elektromagnetischen Impulse gewonnenen Meßergebnisse für die Entfernung *l* überein.

Wir können die kurze Beschreibung dieser Versuche, die die Theorie so gut bestätigt haben, nur mit der Bemerkung beenden, daß wir viele Details weggelassen haben. So mußte beispielsweise während der Messung durch Korrekturen die Brechzahl der Sonnenkorona

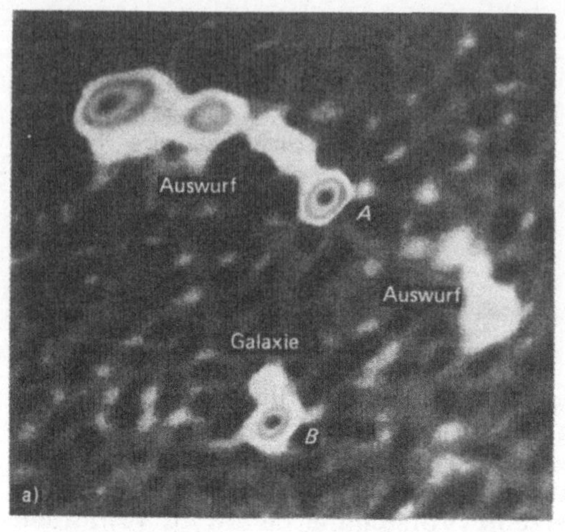

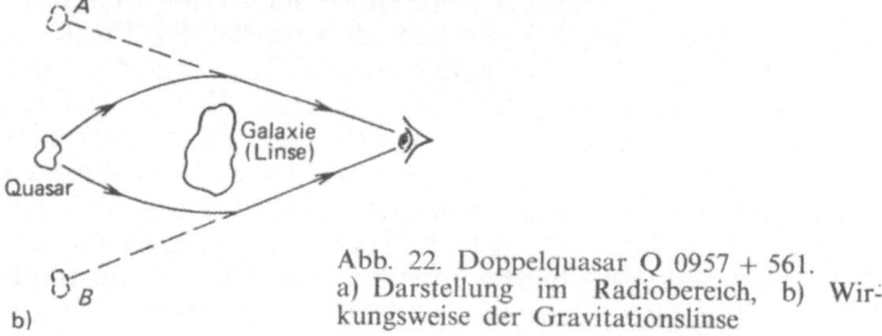

Abb. 22. Doppelquasar Q 0957 + 561. a) Darstellung im Radiobereich, b) Wirkungsweise der Gravitationslinse

berücksichtigt werden. (Das geschah, indem man zwei UHF-Frequenzen benutzte. Die Brechzahl des Plasmas ist nämlich stark frequenzabhängig.) Bei der Berechnung des Wertes l mußten gravitative Störungen der Bahnbewegung von Erde und Mars durch die großen Planeten berücksichtigt werden usw.

Wenn man die Bilanz aus den äußerst genauen Messungen relativistischer Effekte zieht, kann man feststellen, daß die Allgemeine Relativitätstheorie inzwischen für die genaue Prognose von interplanetaren Flügen im Sonnensystem beinahe zu einer „Ingenieurwissenschaft" geworden ist, die die Navigationskorrekturen zur Newtonschen Theorie liefert.

Wir haben also erfahren, daß die Sonne die elektromagnetischen Wellen ablenkt. Die Gravitationstheorie behauptet, daß jeder Körper Lichtstrahlen ablenkt. Jeder gravitativ wirksame Körper wirkt folglich wie eine optische Linse, die Abbildungen kosmischer Objekte hervorbringen kann, wenn sie sich in der Nähe des Sehstrahls von dem kosmischen Objekt zum Beobachter befindet. Bis 1979 war das nur eine theoretische Voraussage. 1979, einige Wochen nach Einsteins 100. Geburtstag, wurde ein erstaunliches Objekt entdeckt, der Doppelquasar Q 0957 + 561. Die in verschiedenen Wellenlängenbereichen gewonnenen Aufnahmen des Quasars bestanden aus zwei einzelnen, nahezu punktförmigen Abbildungen, die 6″ voneinander entfernt sind. Am erstaunlichsten war jedoch, daß die zwei Komponenten auf der Aufnahme (wir nennen sie A und B, Abb. 22) zwar eine unterschiedliche Strahlungsintensität vorwiesen, aber eine erstaunliche Ähnlichkeit in den spektralen Besonderheiten zeigten.

Später wurde in der unmittelbaren Umgebung eine große elliptische Galaxie entdeckt, die sich am Himmel nordöstlich von B in geringem Abstand befindet (s. Abb. 22). Viele Wissenschaftler nehmen an, daß diese elliptische Galaxie als Gravitationslinse wirkt und die beiden Komponenten A und B auf der Aufnahme Abbildungen von ein und demselben Objekt sind, das wir von der Erde aus „durch" die Gravitationslinse sehen. Später wurden noch drei weitere Objekte entdeckt, bei denen der Verdacht entsteht, daß wir es bei ihrer Beobachtung mit der Wirkung von Gravitationslinsen zu tun haben.

Eine Gravitationslinse unterscheidet sich von einer gewöhnlichen Sammellinse hauptsächlich dadurch, daß bei ihr, wie aus Formel (9.1) zu sehen ist, der Ablenkungswinkel um so größer ist, je geringer der Abstand des Strahls zum Zentrum ist. Aufgrund der spezifischen Abhängigkeit des Ablenkungswinkels Θ vom Abstand r des Strahls zum Zentrum besitzen Gravitationslinsen keinen Brennpunkt, und sie ergeben keine punktförmige Abbildung eines punktförmigen Gegenstandes.

Berechnungen zeigen, daß ein ausgedehnter Körper, der als Gravitationslinse wirkt, eine Dreifachabbildung ergeben muß. Die elliptische Galaxie, die sich am Himmel in der Nähe der Komponente B befindet, ist zweifellos ein ausgedehnter Körper. Daher verblüfft uns das Fehlen der dritten Komponente ein wenig. Aber erstens könnte sie auch eine bedeutend geringere Intensität als die beiden anderen besitzen, und zweitens könnte ihre Abbildung von der Strahlung der elliptischen Galaxie „überdeckt" werden.

Der Verlauf der Lichtstrahlen durch ausgedehnte durchsichtige Objekte (vom Typ der Galaxien oder Galaxienkerne, die aus einzelnen Sternen bestehen) wurde für verschiedene Abhängigkeiten der Dichte vom Abstand zum Zentrum ebenfalls berechnet. Dabei stellte sich heraus, daß noch viel kompliziertere Abbildungen entstehen können, die aus noch mehr Komponenten bestehen.

Einige Wissenschaftler verhalten sich gegenüber der Entdeckung von Gravitationslinsen skeptisch. Aber wie immer kann allein das Experiment eine Entscheidung treffen, d. h., weitere Beobachtungen werden zeigen, ob es im Weltall viele Gravitationslinsen gibt und welche Rolle sie bei der „Verzerrung" unseres Bildes von der Metagalaxis spielen.

10. Inwiefern irrte Kepler?

Johannes Kepler bearbeitete die riesige Menge von Beobachtungsdaten über die Position der Planeten am Himmel, die sein Lehrer Tycho Brahe in langjährigen Beobachtungen gewonnen hatte, und gelangte so zu den für die damalige Zeit erstaunlichen Aussagen über die Planetenbewegung. Kepler formulierte die drei Grundgesetze, die heute seinen Namen tragen.

Das erste Keplersche Gesetz besagt, daß die Umlaufbahn eines jeden Planeten eine Ellipse ist, in deren einem Brennpunkt die Sonne steht.

Das zweite Keplersche Gesetz lautet: Eine Gerade, die die Sonne mit einem Planeten verbindet, überstreicht in gleichen Zeitabschnitten gleiche Flächen.

Das dritte Keplersche Gesetz liefert schließlich noch einen Zusammenhang zwischen den Umlaufzeiten der Planeten und ihren Abständen von der Sonne. Die Quadrate der Umlaufzeiten zweier Planeten um die Sonne (T_1, T_2) verhalten sich zueinander wie die dritten Potenzen der großen Halbachsen der Ellipsen (R_1, R_2), auf denen sich die Planeten bewegen:

$$\frac{T_1^2}{T_2^2} = \frac{R_1^3}{R_2^3}. \tag{10.1}$$

Später leitete Newton alle drei Keplerschen Gesetze aus seinem zweiten Gesetz der Dynamik und dem Gravitationsgesetz ab (s. 2. Kapitel). Newton bewies, daß die empirischen Keplerschen Gesetze eindeutig daraus ableitbar sind, daß die Gravitationskraft dem Abstandsquadrat zwischen zwei sich einander anziehenden Massen umgekehrt proportional ist. Wenn die Kraft vom Abstand auf eine beliebige andere Weise abhängen würde, wären die Keplerschen Gesetze nicht erfüllt. Aufgrund der wachsenden Genauigkeit, mit der die Planetenbewegung im Laufe der Zeit beobachtet werden konnte, gelang es den Astronomen, Abweichungen von den Keplerschen Gesetzen zu entdecken. Diese Abweichungen werden durch die Störungen der Umlaufbahn eines Planeten erklärt, die infolge der Anziehungskräfte der restlichen Planeten des Sonnensystems entstehen.

Neben diesen quantitativen Korrekturen zum zweiten und dritten Keplerschen Gesetz wurde ein interessanter qualitativer Effekt entdeckt, der mit einer Verletzung des ersten Keplerschen Gesetzes in Zusammenhang steht. Jede störende Kraft muß nämlich dazu führen, daß die Umlaufbahnen keine reinen Ellipsen mehr sind, sondern Ellipsen, die sich langsam drehen, wobei sie in der Bewegungsebene verbleiben. Demzufolge verschiebt sich das Perihel, d. h. der sonnennächste Punkt, im Laufe der Zeit um einen bestimmten Winkel (Abb. 23). Die größte Periheldrehung wurde beim sonnennächsten Planeten beobachtet, dem Merkur. Man stellte fest, daß sich das Merkurperihel pro Jahrhundert um einen Winkel von 532″ verschiebt, also um nahezu 9′.

Bereits Mitte des 19. Jahrhunderts hatten die Astronomen gelernt, die Planetenbewegung mit so hoher Genauigkeit zu berechnen, daß sie den Einfluß aller anderen Planeten auf die Merkurbewegung genau berücksichtigen konnten. Es stellte sich heraus, daß man unter Benutzung der Newtonschen Gravitationstheorie nur einen Teil der beobachteten Periheldrehung beim Merkur erklären konnte. Anders gesagt, die Newtonsche Theorie sagt eine geringere Periheldrehung als die beobachtete voraus. Der Astronom U. Leverrier stellte 1859 fest, daß eine Drehung

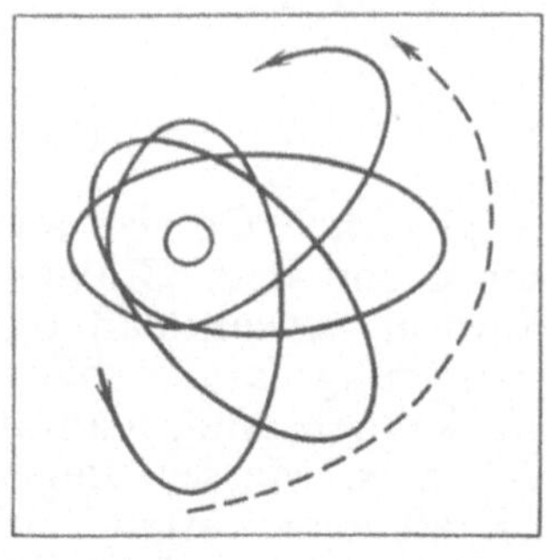

Abb. 23. Periheldrehung des Merkurs

von 43″ pro Jahrhundert unerklärlich bleibt. Um diese Anomalie zu erklären, versuchte man zunächst, das Gravitationsgesetz abzuändern. Von derartigen Versuchen ging man jedoch wieder ab, weil sich Schwierigkeiten bei der Erklärung der Bewegung der anderen Planeten ergaben. Man hat auch nach einem hypothetischen Planeten zwischen Sonne und Merkur gesucht (und ihm sogar den Namen Vulkan gegeben), aber die Suche war erfolglos.

Als Einstein 1915 seine berühmten Gleichungen für das Gravitationsfeld abgeleitet hatte, berechnete er mit ihrer Hilfe zunächst, wie die Raum-Zeit in der Sonnenumgebung gekrümmt ist. Nachdem er die Geometrie der Raum-Zeit kannte, bestimmte er das Aussehen der Geodäten, d. h. der kürzesten Weltlinien, entlang derer sich die Planeten in dieser gekrümmten Raum-Zeit bewegen.

Da die Raum-Zeit in der Sonnenumgebung nur schwach gekrümmt ist, kann man die Aufgabe, die Planetenbewegung zu bestimmen, auch in der Newtonschen Sprache formulieren: Der Planet bewegt sich in einer ebenen Raum-Zeit, jedoch wirkt auf ihn seitens der Sonne eine Anziehungskraft, die sich von der durch das Newtonsche Gesetz vorausgesagten ein wenig unterscheidet.

Nach der Einsteinschen Theorie beschreibt jeder Planet, selbst wenn die Störungen durch andere Planeten unberücksichtigt bleiben, während seiner Bewegung eine Ellipse, die sich langsam dreht. Die Periheldrehung während eines Umlaufs wird durch die Formel

$$\Delta\varphi = \frac{6\pi G M_\odot}{c^2 a(1-e^2)} \tag{10.2}$$

gegeben, in der a die große Halbachse und e die Exzentrizität der Ellipse ist.

Bei der Venus und allen noch weiter von der Sonne entfernten Planeten ist die relativistische Periheldrehung so gering, daß sie zur damaligen Zeit nicht gemessen werden konnte. Für den Merkur ergibt sich jedoch gerade eine Periheldrehung von 43″ pro Jahrhundert! Diese erstaunliche Übereinstimmung war ein wahrer Triumph der Allgemeinen Relativitätstheorie. Die Physiker erkannten zum ersten Mal klar und deutlich, daß hier eine Theorie geschaffen worden war, die noch genauer als das Newtonsche Gravitationsgesetz ist, das doch bereits mit phantastischer Genauigkeit die Bewegung der Planeten, Asteroiden und Kometen beschreibt und es seinerzeit sogar gestattet hatte, den Planeten Neptun sozusagen mit der Feder zu entdecken, d. h. theoretisch.

Seit 1966 werden die traditionellen optischen Beobachtungsmethoden der Planetenbewegung durch Radarbeobachtungen ergänzt. Dadurch wurde die Genauigkeit erhöht, mit der die Parameter der Umlaufbahn bestimmt werden. Insbesondere konnte durch Radarbeobachtungen Mitte der 70er Jahre die Periheldrehung des Merkurs mit einer Genauigkeit von 0,5% des relativistischen Effektes gemessen werden. Mit dieser hohen Genauigkeit stimmt die Allgemeine Relativitätstheorie mit den Beobachtungen überein.

In den 60er Jahren wurde eine der lebensfähigsten alternativen Gravitationstheorien vorgelegt, die sog. Skalar-Tensor-Theorie (s. 15. Kapitel). Diese Theorie sagt eine merklich kleinere Periheldrehung für den Merkur voraus als die Allgemeine Relativitätstheorie. Die Begründer dieser Theorie kapitulierten jedoch nicht etwa aus diesem Grunde, sondern stellten die Hypothese auf, daß nicht die gesamten 43″ der Periheldrehung vom Merkur durch die Krümmung der Raum-Zeit hervorgerufen wurden, sondern nur ein Teil von etwa 39″. Die restlichen 4″ müsse man einer Verzerrung der Merkurbahn zurechnen, die durch die Abplattung der Sonne hervorgerufen wird.

R. Dicke und seine Mitarbeiter unternahmen 1974 den Versuch, die Sonnenabplattung zu messen. Sie erhielten ein Ergebnis, das angeblich ihre Theorie bestätigt und wodurch demzufolge die Allgemeine Relativitätstheorie verworfen würde. Ein anderes Forschungsteam (Hill und Mitarbeiter) konnte dagegen keinerlei Abplattung der Sonne entdecken. Da derartige Messungen außergewöhnlich schwierig sind (die erwartete Abplattung ist äußerst gering, der Meridianschnitt durch die Sonne ergäbe eine Ellipse mit einer Differenz der Halbachse von nur 35 km bei einem mittleren Sonnenradius von 700000 km), sind die Gründe für diese unterschiedlichen Ergebnisse bisher nicht geklärt worden. Obwohl man zugeben muß, daß in dieser Frage noch eine gewisse Unklarheit geblieben ist, gibt es bisher keinerlei wirklichen Anlaß dazu, an der Richtigkeit der Allgemeinen Relativitätstheorie zu zweifeln.

In unserem kosmischen Jahrhundert, in dem Raumsonden das Sonnensystem durchpflügen, hat sich eine reale Möglichkeit ergeben, die Unbestimmtheit im Problem der Periheldrehung des Merkurs zu beseitigen. Die Radioortung der künstlichen Venus- und Marssatelliten, die mit einem Zwischensender zum Zurücksenden der Radiowellen bestückt sind, wird es nämlich in naher Zukunft im Prinzip erlauben, auch die Periheldrehung dieser Planeten sowie der Erde mit genügender Genauigkeit zu messen. Da die durch die Krümmung der Raum-Zeit und durch die Abplattung der Sonne hervorgerufenen Drehungen des Perihels auf verschiedene Weise vom Abstand des Planeten zur Sonne abhängen, kann man durch die Messung der Periheldrehung von mehreren Planeten den Beitrag des einen und des anderen Effektes einzeln genau bestimmen, und damit wird gleichzeitig die Abplattung der Sonne unabhängig gemessen.

An dieser Stelle könnten wir eigentlich unseren Bericht über die Periheldrehung der Planeten abschließen und zu anderen Experimenten im Sonnensystem übergehen, wenn nicht R.A. Hulse und J.H. Taylor im Sommer 1974 weit entfernt im Kosmos ein ganz erstaunliches Objekt entdeckt hätten. Dieses Objekt wurde zu einem relativistischen Labor, das die freigebige Natur den Relativisten buchstäblich geschenkt hat. Wir sprechen von der Entdeckung eines Pulsars in einem Doppelsternsystem.

Zunächst wollen wir uns erinnern, was ein Pulsar ist. Eine unter der Leitung von A. Hewish arbeitende Gruppe englischer Radioastronomen entdeckte 1967 aus dem Kosmos eintreffende Radiopulse, die sich regelmäßig in Abständen von weniger als 1 s wiederholten. Die ungewöhnliche Genauigkeit, mit der die Regularität der eintreffenden Pulse aufrechterhalten wird, ließ die Wissenschaftler zunächst denken, die Menschheit hätte endlich die Signale einer außerirdischen Zivilisation entdeckt. Die neuentdeckte kosmische Strahlungsquelle wurde als Pulsar bezeichnet. Innerhalb weniger Monate wurden weitere drei Pulsare entdeckt. Heute sind einige hundert bekannt.

Sehr bald wurde klar, daß Pulsare nichts anderes als Neutronensterne sind. Bereits 1934 hatten Baade und Zwicky bewiesen, daß während der Kontraktion eines genügend massereichen Sterns, dessen Kernbrennstoffvorräte verbraucht sind, Elektronen in die Protonen „gepreßt" werden und dabei Neutronen entstehen. Unter der Wirkung der Schwerkraft kontrahieren die Neutronen zu einem sehr dichten Objekt, einem Neutronenstern. Dieser stellt quasi einen Atomkern dar, der „überreich" an Neutronen ist, dessen Radius etwa 10 km beträgt und dessen Masse von der Größenordnung einer Sonnenmasse ist. Ein Kubikzentimeter der Materie im Neutronenstern „wiegt" mehr als 100 Mill. Tonnen!

Warum zeigen sich Neutronensterne in der Gestalt von Pulsaren? Das geschieht, da die auf so kleine Ausmaße verdichteten Neutronensterne einerseits sehr schnell rotieren müssen und andererseits ein sehr starkes Magnetfeld besitzen können. Die erste dieser Eigenschaften folgt aus dem Drehimpulssatz. Aus dem gleichen Grund dreht sich beispielsweise ein Eiskunstläufer bei einer Pirouette wesentlich schneller, wenn er die zunächst ausgebreiteten Arme vor dem Körper verschränkt. Die Existenz eines starken Magnetfeldes folgt dagegen aus dem Erhaltungssatz des magnetischen Flusses, d.h. dem Gesetz der Erhaltung der Magnetfeldlinien. Die gleiche Anzahl von Kraftlinien, die vor der Kontraktion durch die Äquatorialschnittfläche des Sterns verlaufen sind, schneiden jetzt die flächenmäßig wesentlich kleinere Äquatorialfläche des kontrahierten Neutronensterns. Demzufolge muß die Magnetfeldstärke, die der Dichte der Kraftlinien entspricht, außergewöhnlich ansteigen.

Wenn man dem noch hinzufügt, daß sich an der Oberfläche des Neutronensterns geladene Teilchen befinden, die im elektrischen Feld beschleunigt werden, können wir uns den Neutronenstern in allgemeinen Zügen vorstellen. Dazu gehen wir von dem Modell des schiefen Rotators aus, das in Abb. 24 dargestellt ist. Die im elektrischen Feld beschleunigten Teilchen bewegen sich aufgru im der Lorentzkraft so, als wären sie auf die **Magentfeldlinien** aufgewickelt, dabei strahlen sie **Radiowellen aus. Wenn** die Magnetfeldachse nicht mit der Teilchen bewee überein-

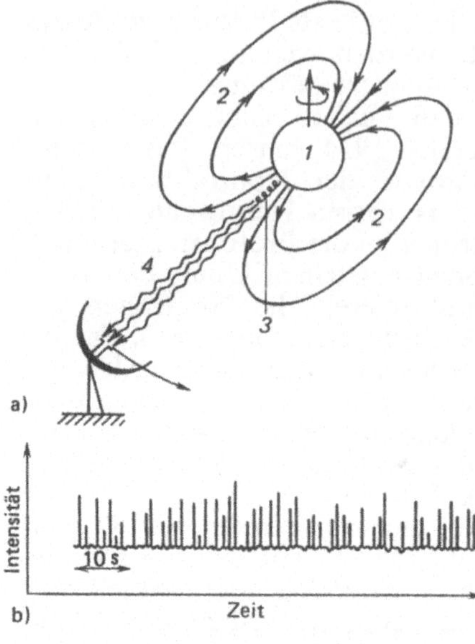

Abb. 24. Pulsarmodell (a). *1* rotierender Neutronenstern, *2* Magnetfeldlinien, *3* Strahl relativistischer geladener Teilchen, *4* gerichteter Radiostrahl, der von den relativistischen Teilchen ausgesendet wird. Da die Symmetrieachse des Magnetfeldes nicht mit der Rotationsachse übereinstimmt (schiefer Rotator), überstreicht der Radiostrahl das Universum und wird von weit entfernten Beobachtern als streng periodische Folge von Radiopulsen wahrgenommen (b)

stimmt (daher die Bezeichnung „schiefer Rotator“), entsteht ein gerichteter Strahl, der das Weltall überstreicht. Wenn dieser Strahl auf das irdische Radioteleskop trifft, empfangen wir jedesmal einen Radiopuls. Das Zeitintervall zwischen zwei benachbarten Radiopulsen ist also gleich der Rotationsdauer des Neutronensterns. Jedes andere Objekt, sei es ein gewöhnlicher Stern oder ein Weißer Zwerg[1], würde bei derartig märchenhaft hohen Winkelgeschwindigkeiten der Rotation in Stücke gerissen werden. Vor einiger Zeit wurde ein Pulsar entdeckt, der mit einem Zeitintervall von $1{,}5 \cdot 10^{-3}$ s zwischen zwei Pulsen den Rekord des „schnellsten“ Pulsars hält!

Heute herrschen keine Zweifel mehr darüber, daß Pulsare mit Supernovaausbrüchen zusammenhängen. Neutronensterne entstehen bei einer Sternexplosion, während der die Helligkeit des Sterns mit der einer ganzen Galaxie, die aus 100 Mrd. Sternen besteht, verglichen werden kann. Dafür ist der Pulsar im Krebsnebel eine schlagkräftige Bestätigung. Es wurde zuverlässig bewiesen, daß er der Überrest einer im Jahre 1054 beobachteten Supernovaexplosion ist. Diese erstaunliche Erscheinung, als am

[1]Ein Weißer Zwerg ist eines der Endprodukte der Sternentwicklung.

Himmel ein Stern mit einer solchen Helligkeit aufleuchtete, daß er auch tagsüber mit unbewaffnetem Auge zu beobachten war, wurde in alten chinesischen Chroniken beschrieben.

Kehren wir zu dem Pulsar in dem Doppelsternsystem zurück. Er erhielt die Bezeichnung PSR 1913 + 16, die die Koordinaten des Doppelpulsars auf der Himmelskugel angibt: Die Rektaszension beträgt 19 h 13 min, die Deklination + 16°. Dieser Koordinatenpunkt befindet sich im Sternbild Aquila (Adler).

Wir haben bereits festgestellt, daß dieser Doppelpulsar ein einzigartiges Labor im fernen Kosmos ist. Das hängt damit zusammen, daß dieses Objekt ein enges Doppelsternsystem ist, dessen beide Komponenten etwa vergleichbare Massen besitzen. Daher treten hier alle relativistischen Effekte weitaus deutlicher zutage als im Sonnensystem. Es genügt wohl zu sagen, daß die Bahngeschwindigkeit von PSR 1913 + 16 ungefähr 400 km/s beträgt und daß sich beide Komponenten in einem Abstand befinden, der mit dem Sonnenradius vergleichbar ist. Dagegen ist der sonnennächste Planet, der Merkur, 65 Sonnenradien von der Sonne entfernt, und seine Bahngeschwindigkeit beträgt nur 60 km/s.

Am wichtigsten ist jedoch, daß ein Pulsar in einem Doppelsternsystem in erster Linie eine Uhr auf der Umlaufbahn darstellt. Die Stabilität der Frequenz, mit der der Pulsar seine Pulse aussendet, erlaubt es, mit beispielloser Genauigkeit die Variation der Ankunftszeiten der Pulse zu beobachten und somit die Bahnparameter zu beurteilen. Folglich lassen sich auch Variationen dieser Bahnparameter nachweisen, die mit relativistischen Effekten zusammenhängen. In gewöhnlichen Doppelsternsystemen dienen Atome als Uhren, und die Bahnparameter werden aus der Dopplerverschiebung der Spektrallinien bestimmt, die den Übergängen in Atomen entsprechen. Pulsare sind unvergleichbar genauer gehende Uhren. Alle Methoden zur Bestimmung der Bahnparameter aus der Verschiebung der Spektrallinien lassen sich auch auf den Pulsar in dem Doppelsternsystem anwenden. Mit Recht können wir das System PSR 1913 + 16 als spektroskopischen Doppelstern bezeichnen.

Man muß an dieser Stelle unbedingt unterstreichen, daß mit dem Dopplereffekt die sog. Radialgeschwindigkeit bestimmt wird, d. h. die Projektion der Geschwindigkeit auf

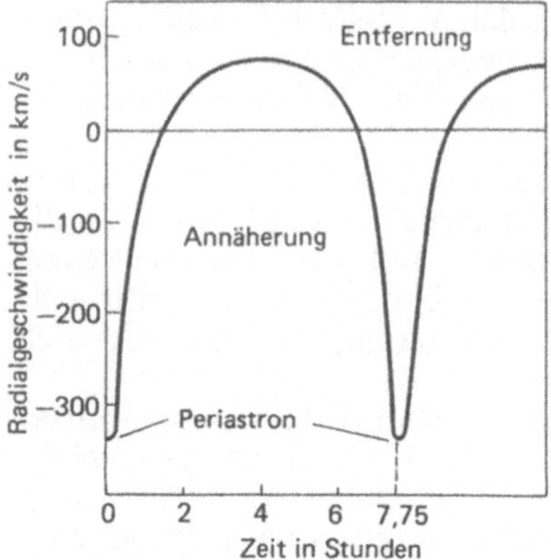

Abb. 25. Variation der Radialgeschwindigkeit des Pulsars im Doppelsternsystem.
Die Radialgeschwindigkeit (d. h. die Projektion der Geschwindigkeit auf den Sichtstrahl) wird aus der Dopplerverschiebung der Frequenz der eintreffenden Radiopulse bestimmt. Negative Geschwindigkeiten entsprechen der Bewegung des Pulsars in Richtung Erde. Offensichtlich sind die negativen Geschwindigkeiten ihrem Betrag nach wesentlich größer als die positiven, die von der Erde weggerichtet sind. Das spricht für eine sehr langgezogene Bahn des Pulsars im Doppelsternsystem

die Sichtlinie. Die maximale Radialgeschwindigkeit, mit der sich der Pulsar annähert, übersteigt 300 km/s, die maximale Radialgeschwindigkeit, mit der er sich entfernt, beträgt gerade nur 75 km/s (Abb. 25). Daraus kann man sofort schlußfolgern, daß sich der Pulsar in dem Doppelsternsystem auf einer ziemlich langgestreckten elliptischen Umlaufbahn bewegt. Dann können wir mit Recht erwarten, daß eine Drehung des Periastrons[1] eintritt, ein analoger Effekt wie die Periheldrehung des Merkurs. Vorläufige Abschätzungen, die aus den Beobachtungen von PSR 1913 + 16 gewonnen wurden, zeigten, daß die Drehung des Periastrons etwa 4° pro Jahr ausmacht. (Vergleichen Sie mit den 43″ pro Jahrhundert für die Periheldrehung des Merkurs.)

Die Drehung des Periastrons hängt nach der Allgemeinen Relativitätstheorie von den Massen der beiden Komponenten ab, die man jedoch aus der beobachteten Radialgeschwindigkeit und der Verzögerung der Signale nicht unabhängig bestimmen kann. Deshalb entschlossen

[1]Das Periastron ist der Punkt der Umlaufbahn, an dem sich der Pulsar in der geringsten Entfernung von seinem unsichtbaren Begleiter befindet.

sich die Wissenschaftler, die unmittelbar gemessene Drehung des Periastrons, für die sich 4,22° ± 0,04° pro Jahr ergab, nicht zur Überprüfung der Allgemeinen Relativitätstheorie zu benutzen, sondern aus dem gemessenen relativistischen Effekt die Masse des Pulsars selbst zu bestimmen. Die Masse läßt sich nur dann so wie bei der Analyse gewöhnlicher spektroskopischer Doppelsterne bestimmen – also ohne den relativistischen Effekt heranzuziehen –, wenn beide Komponenten sichtbar sind und Spektrallinien enthalten, aus denen man die Radialgeschwindigkeiten der beiden Komponenten einzeln bestimmen kann.

Im Falle von PSR 1913 + 16 hat die Allgemeine Relativitätstheorie einen einzigartigen Beitrag zu konkreten, erstaunlich genauen astrophysikalischen Messungen geliefert. Die Masse der einen Komponente des Doppelsternsystems, die Pulsarmasse, kann nur unter Einbeziehung der Allgemeinen Relativitätstheorie bestimmt werden, wenn die zweite Komponente unsichtbar ist.

Wir verabschieden uns nicht endgültig von dem Pulsar in dem Doppelsternsystem. Wenn wir im 12. Kapitel über Gravitationswellen sprechen werden, kommen wir wieder auf ihn zurück.

11. Das Gravitationsfeld rotierender Körper

Im 5. Kapitel haben wir festgestellt, daß der Übergang vom Newtonschen Gravitationsgesetz zu den Einsteinschen Gleichungen einem Übergang von der Gravostatik zur Gravodynamik entspricht. Alle bisher beschriebenen Experimente, die sich mit der Frequenzänderung des Lichtes, mit der Verzögerung der Radiosignale und mit der Lichtablenkung beschäftigt haben, beschränkten sich jedoch nur auf jene Voraussagen der Allgemeinen Relativitätstheorie, die diese im Rahmen der Gravostatik macht. Im 10. Kapitel konnten wir sogar in dem Sinne formulieren, daß die Allgemeine Relativitätstheorie im Fall des schwachen Gravitationsfeldes nur zu einer kleinen Änderung der

Newtonschen Kräfte führt und man im Experiment diese Änderungen feststellen und quantitativ mit den Voraussagen der Theorie vergleichen muß.

In diesem Kapitel wenden wir uns erstmals den eigentlichen gravodynamischen Voraussagen der Allgemeinen Relativitätstheorie zu. Dazu müssen wir in erster Linie die Annahme fallenlassen, die das Gravitationsfeld erzeugenden Körper seien unbeweglich. Eine Analyse der Einsteinschen Gleichungen ergibt, daß sich das Gravitationsfeld bewegter Körper in der Allgemeinen Relativitätstheorie qualitativ von dem unbeweglicher Körper unterscheidet. Es entsteht eine eigentümliche Komponente des Gravitationsfeldes, die in mancher Hinsicht ein Analogon zum Magnetfeld in der Elektrodynamik darstellt.

Wir wollen einen rotierenden Körper betrachten, beispielsweise die Erde. Um solch einen Körper entsteht neben dem gewöhnlichen statischen Gravitationsfeld ein weiteres, das wir, der genannten Analogie folgend, gravomagnetisches Feld nennen. Aufgrund dieses Feldes spüren alle Körper, die sich gegenüber der rotierenden schweren Masse bewegen, die Wirkung einer zusätzlichen Komponente der Schwerkraft. Diese Kraft hängt nicht nur vom Ort ab, an dem sich das Testteilchen befindet, sondern auch vom Betrag und der Richtung der Geschwindigkeit des Teilchens.

Wir wollen die Analogie zur Elektrodynamik noch weiter verfolgen. Angenommen, wir haben eine geladene, rotierende Kugel. Neben dem elektrostatischen Coulombfeld $\boldsymbol{E}$ entsteht um die Kugel noch ein Magnetfeld mit der Induktion $\boldsymbol{B}$, dessen Kraftlinien in Abb. 26 dargestellt sind.

Der Betrag von $\boldsymbol{B}$ ist der Winkelgeschwindigkeit, mit der die Kugel rotiert, proportional. Wenn sich eine Probeladung q in diesem elektromagnetischen Feld mit der Relativgeschwindigkeit $\boldsymbol{v}$ gegenüber der Kugel bewegt, dann wirkt in diesem Feld, wie Lorentz gezeigt hat, die Kraft

$$\boldsymbol{F} = q(\boldsymbol{E} + [\boldsymbol{v} \times \boldsymbol{B}]) \qquad (11.1)$$

auf das geladene Probeteilchen. Die eckigen Klammern bezeichnen das Vektorprodukt von $\boldsymbol{v}$ und $\boldsymbol{B}$. Die Eigenschaften des Vektorproduktes spiegeln die Tatsache wider, daß die Lorentzkraft

$$\boldsymbol{F}_{\mathrm{L}} = q[\boldsymbol{v} \times \boldsymbol{B}] \qquad (11.2)$$

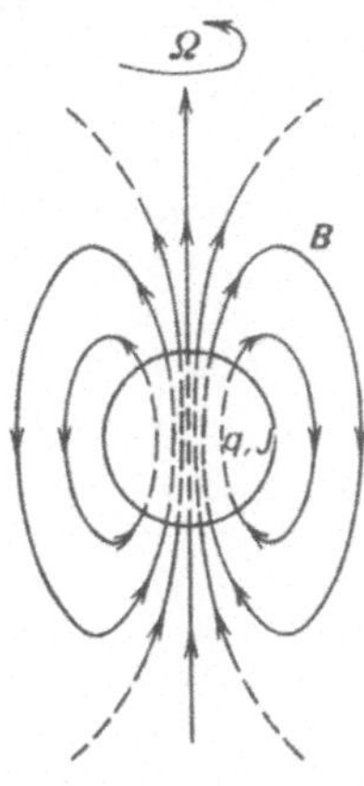

Abb. 26. Magnetfeldlinien einer rotierenden, elektrisch geladenen Kugel

dem Geschwindigkeitsbetrag $|\boldsymbol{v}|$, dem Betrag der magnetischen Induktion $|\boldsymbol{B}|$ und dem Sinus des Winkels zwischen den Vektoren $\boldsymbol{v}$ und $\boldsymbol{B}$ proportional ist, wobei der Vektor $\boldsymbol{F}_L$ senkrecht auf der Fläche steht, in der die Vektoren $\boldsymbol{v}$ und $\boldsymbol{B}$ liegen.

Die Beziehung zwischen den Vektoren $\boldsymbol{F}_L$, $\boldsymbol{v}$ und $\boldsymbol{B}$, die in der Vektorgleichung (11.2) formuliert ist, erinnert stark an die Formel für die sog. Corioliskraft. Die Corioliskraft ist eine Trägheitskraft (eine sog. fiktive oder Scheinkraft), die nur in rotierenden, nichtinertialen Bezugssystemen auf einen beliebigen Körper wirkt, der sich relativ zu diesem System bewegt:

$$\boldsymbol{F}_C = 2m[\boldsymbol{v} \times \boldsymbol{\Omega}]. \tag{11.3}$$

Mit $\boldsymbol{\Omega}$ ist die Winkelgeschwindigkeit des nichtinertialen Bezugssystems bezeichnet.

Ein beschleunigtes Bezugssystem läßt sich kraft des Äquivalenzprinzips nicht von einem Inertialsystem im konstanten Gravitationsfeld unterscheiden. Natürlicherweise tritt hier eine Frage auf: Welchem Gravitationsfeld entspricht in diesem Sinne ein nichtinertiales Bezugssystem, in dem die Beschleunigungen mit der Rotation zusammenhängen? Die Antwort lautet: Ein derartiges Gravitationsfeld wird von einem rotierenden Körper erzeugt.

Nach der Allgemeinen Relativitätstheorie nimmt ein beliebiger rotierender, massiver Körper gewissermaßen die ihn umgebende Raum-Zeit bei seiner Rotation mit. Das bedeutet, daß die lokalen Inertialsysteme, in denen alle lokalen physikalischen Prozesse wie in Abwesenheit eines

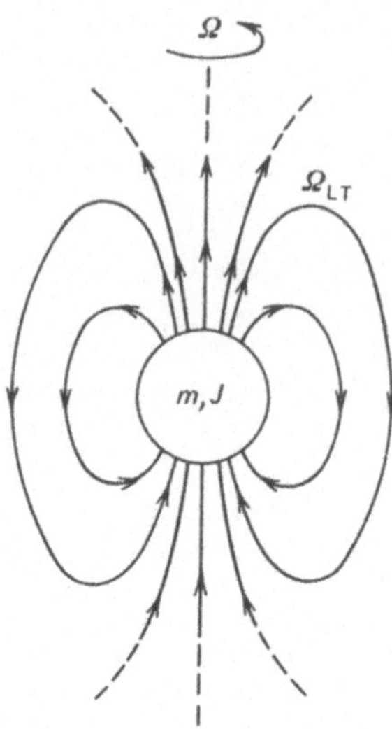

Abb. 27. Abhängigkeit der Größe Ω_{LT} von r und Θ

Gravitationsfeldes ablaufen, relativ zu den entfernten Sternen rotieren müssen. Mit den entfernten Sternen sind jene genügend weit entfernten Inertialsysteme gemeint, die nahezu keine Veränderung erfahren, da das Gravitationsfeld mit dem Abstand rasch abfällt. Diese Mitnahme von Inertialsystemen wird als Lense-Thirring-Effekt bezeichnet. Wir unterstreichen nochmals, daß sich dieser Effekt lokal (d.h. in einem Punkt) nicht von dem Auftreten der gewöhnlichen Corioliskräfte unterscheidet. Aber sowohl die Richtung als auch der Betrag der Winkelgeschwindigkeit, mit der das Inertialsystem mitgenommen wird (wir bezeichnen diese Winkelgeschwindigkeit mit $\boldsymbol{\Omega}_{\mathrm{LT}}$), sind nicht mehr konstant, sondern hängen von den Koordinaten ab, genauer vom Abstand r zu dem gravitativ wirksamen Körper und vom azimutalen Winkel Θ an der Stelle, an der wir den Lense-Thirring-Effekt beobachten wollen (Abb. 27):

$$\boldsymbol{\Omega}_{\mathrm{LT}}(r, \Theta) = \frac{G}{c^2 r^3}\left(\boldsymbol{J} - \frac{3\boldsymbol{r}(\boldsymbol{r}\boldsymbol{J})}{r^2}\right). \tag{11.4}$$

$\boldsymbol{J}$ ist der Drehimpuls des rotierenden Körpers, der azimutale Winkel Θ geht in das Skalarprodukt der Vektoren $\boldsymbol{r}$ und $\boldsymbol{J}$ ein:

$$(\boldsymbol{r}\boldsymbol{J}) = rJ\cos\Theta.$$

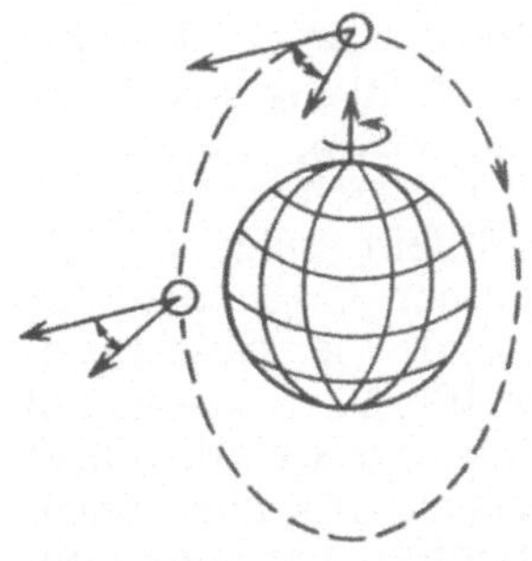

Abb. 28. Präzession eines relativistischen Kreisels auf einer polaren Umlaufbahn

Wenn wir wieder auf die Analogie zum Magnetfeld zurückkommen, sehen wir eine erstaunliche Ähnlichkeit zwischen der Winkelgeschwindigkeit $\boldsymbol{\Omega}_{\mathrm{LT}}(r, \Theta)$, die durch die Beziehung (11.4) gegeben ist, und dem Magnetfeld $\boldsymbol{B}$, das sich in der Umgebung einer geladenen, rotierenden Kugel herausbildet. Berechnungen ergeben, daß dieses Magnetfeld auf die gleiche Weise von r und Θ abhängt wie auch $\boldsymbol{\Omega}_{\mathrm{LT}}$:

$$\boldsymbol{B} = \frac{q}{2Mc^2r^3}\left(\boldsymbol{J} - \frac{3\boldsymbol{r}(\boldsymbol{r}\boldsymbol{J})}{r^2}\right). \tag{11.5}$$

In dieser Formel sind M bzw. q Masse bzw. Ladung der Kugel.

Die Winkelgeschwindigkeit $\boldsymbol{\Omega}_{\mathrm{LT}}$, mit der rotierende Körper lokale Inertialsysteme mitnimmt, stellt also das vollständige Analogon zur Induktion des Magnetfeldes dar.

Da der Lense-Thirring-Effekt so klein ist, konnte er bis heute noch nicht beobachtet werden. Bereits 1959, zwei Jahre nach dem Start des ersten künstlichen Erdsatelliten, hat der amerikanische Physiker Schiff ein Experiment vorgeschlagen, mit dem man hoffen kann, diesen Effekt nachzuweisen. Bisher wurde dieses Experiment allerdings noch nicht verwirklicht, obwohl zur Vorbereitung schon sehr viel getan wurde.

Schiff hatte die Idee, einen hochempfindlichen Kreisel auf eine polare Umlaufbahn zu bringen. Wenn die Kreiselachse senkrecht auf der Bahnebene steht und es sich um eine polare Umlaufbahn handelt (Abb. 28), muß die Kreiselachse präzessieren. Die abgeschätzte Präzession der Kreiselachse relativ zu weit entfernten Sternen beträgt 0,05″ pro Jahr. Dieser Effekt wird beobachtet, wenn die Höhe der Umlaufbahn über der Erdoberfläche sehr viel kleiner als der Erdradius ist. Die Präzession des Kreisels läßt sich dadurch erklären, daß die Richtung der Kreiselachse, bezogen auf das lokale Inertialsystem, zwar unveränderlich ist, dieses Bezugssystem sich jedoch in Übereinstimmung mit dem Lense-Thirring-Effekt aufgrund der Erdrotation gegenüber entfernten Sternen langsam dreht.

Diese Abschätzung des Effektes zeigt, wie schwierig es ist, ein derartiges Experiment durchzuführen. Erstens muß in dem Satelliten, in dem der Kreisel installiert wird, völlige Schwerelosigkeit herrschen (ausführlich wird über einen derartigen Satelliten im Anhang berichtet). Zweitens muß die Kreiselachse mit einer Genauigkeit von mindestens 0,001″ pro Jahr stabil bleiben. Drittens muß die Richtungsstabilität des Satelliten (oder zumindest des Teils, in dem die Winkelkoordinaten der Kreiselachse bestimmt werden) ebenfalls auf dem Niveau von 0,001″ pro Jahr liegen. Diese drei Forderungen müssen auf der Umlaufbahn zumindest einige Monate lang erfüllt sein, da diese Frist für die Messungen notwendig ist.

Seit dem Zeitpunkt, zu dem Schiff seinen Artikel über das relativistische Gyroskop (so wird das Experiment meistens genannt) publiziert hat, ist in einem der Labors der Universität Stanford (USA) schon viel Vorbereitungsarbeit geleistet worden. Unter irdischen Bedingungen wurden Kreisel geprüft, aber der erste Start eines Satelliten mit mehreren Kreiseln an Bord wird wahrscheinlich erst in einigen Jahren stattfinden.

In Abb. 29 ist ein Satellit schematisch dargestellt, der allein der Überprüfung dieses Effektes dient. Sein Hauptteil ist ein Block mit mehreren gleichartigen Kreiseln. Jeder Kreisel besteht aus einer äußerst homogenen Quarzkugel (etwa 4 cm im Durchmesser), die mit einem Supraleiter (Niobium) beschichtet ist. Um zusätzliche Kräfte auszuschließen, die mit einem von Null verschiedenen Quadrupolmoment der Kugel zusammenhängen (diese Kräfte rufen ebenfalls eine Präzession hervor), muß die Quarzkugel äußerst hohen Anforderungen genügen. Sowohl die erlaubte relative Inhomogenität des Quarzes als auch die erlaubte Abweichung von der Kugelgestalt muß kleiner als 10^{-6} sein.

Die Kreisel werden mit einem elektrostatischen System innerhalb eines Blockes aufgehängt (der ebenfalls aus Quarz besteht). Die Kugeln werden mit einem Strahl aus gasförmigem Helium auf ungefähr 300 Umdrehungen pro

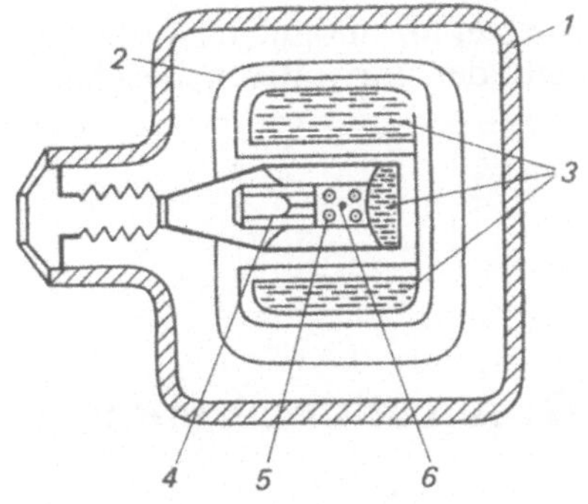

Abb. 29. Schematische Darstellung eines Satelliten, mit dem die relativistische Präzession eines Kreisels gemessen werden soll.
1 Körper, *2* thermische Isolation, *3* flüssiges Helium, *4* Teleskop, *5* einer der Kreisel, *6* Testkörper des Systems zur Kompensation nichtgravitativer Beschleunigungen

Sekunde gebracht. Dann wird dieser Gasstrahl abgeschaltet, und das Volumen um die Kugeln wird bis zu einem Hochvakuum leergepumpt. Die Kammer selbst wird auf die Temperatur des flüssigen Heliums abgekühlt. Es ist bemerkenswert, daß diese Kreisel eine Abklingzeit von etwa 300 Jahren besitzen.

Eine glänzende Lösung wurde für die Gewinnung der Information über die augenblickliche Lage der Kreiselachse vorgeschlagen. Der rotierende Supraleiter muß ein magnetisches Moment besitzen, das der Winkelgeschwindigkeit der Rotation proportional ist (Londonscher Effekt). Um die Kugeln wurden einige empfindliche Magnetometer angebracht. Die von ihnen gewonnenen Informationen über das Magnetfeld gestatten es, die Lage der Rotationsachse jedes Kreisels mit einer Genauigkeit von 0,001″ zu messen.

Das Fernrohr, mit dessen Hilfe die Achse des Satelliten auf einen der hellen Sterne ausgerichtet wird, befindet sich direkt an dem Block mit den Kreiseln. Es hat folglich auch die Temperatur des flüssigen Heliums. Die Signale des Teleskops wirken auf die Steuertriebwerke, die zur Beibehaltung der Orientierung des Satelliten dienen. Der Teleskopkörper, die Linsen und die Prismen, die die Strahlen auf die Geber aufteilen, sind aus Quarzglas gefertigt, und sie sind ohne Kleber oder metallische Streben direkt miteinander verbunden.

Die kurze Beschreibung zeigt, wie schwierig so ein Versuch ist und wieviel Einfallsreichtum er von den Experimentatoren erfordert. Gegenwärtig arbeiten die Experimentatoren zusammen mit Theoretikern, darunter auch in der UdSSR, intensiv an der Schaffung anderer

Versuchsaufbauten, mit denen man möglicherweise die gravomagnetische Komponente der gravitativen Beschleunigung nachweisen kann.

12. Wie kann man Gravitationswellen empfangen?

Die Gleichungen der Elektrodynamik, die den Zusammenhang zwischen den elektrischen und magnetischen Feldern sowie zwischen den elektrischen Ladungen und den Strömen beschreiben, verallgemeinern die bekannten experimentellen Ergebnisse, nämlich die Gesetzmäßigkeiten der Wechselwirkung zwischen den elektrischen Ladungen und den elektrischen Strömen. Die Analyse dieser Gleichungen führte zu einem für die Zeitgenossen Maxwells unerwarteten Resultat. Eine der möglichen Lösungen dieser Gleichungen ist die sog. Wellenlösung: Die veränderliche Bewegung elektrischer Ladungen und veränderliche Ströme sind Quellen für wellenartige Phänomene (elektromagnetische Wellen), die sich von der Quelle loslösen können, unabhängig von dieser existieren und sich mit großer Geschwindigkeit ausbreiten. 1880 führte Heinrich Hertz Versuche durch, mit deren Hilfe er die Existenz elektromagnetischer Wellen nachweisen konnte. Bereits wenige Jahre später konnte experimentell bewiesen werden, daß auch das Licht eine elektromagnetische Welle ist. Die Ausbreitungsgeschwindigkeit des Lichtes im Vakuum ist mit der Ausbreitungsgeschwindigkeit elektromagnetischer Wellen identisch. Im weiteren wurden dann die Eigenschaften der elektromagnetischen Wellen eingehend studiert. In solchen Wellen steht der Vektor des elektromagnetischen Feldes senkrecht auf dem Vektor des magnetischen Feldes, und beide Vektoren stehen senkrecht auf der Ausbreitungsrichtung der Welle. Weit von der Quelle entfernt, wenn der Abstand R um vieles größer als die Ausdehnung der Quelle ist, nehmen im Vakuum sowohl die elektrische Feldstärke $\boldsymbol{E}$ als auch die magnetische Induktion $\boldsymbol{B}$ umgekehrt proportional zum Abstand R ab. Es sei darauf hingewiesen, daß alle Besonderheiten der elektromagnetischen Wellen, die von den Experimentatoren untersucht worden sind (z. B. das Verhalten der Vektoren $\boldsymbol{E}$ und $\boldsymbol{B}$ bei der Brechung der Wellen an der Grenze zweier Medien u. a. m.), nicht nur qualitativ mit den Voraussagen, die aus den Maxwellschen Gleichungen folgen, übereinstimmen. Die Experimentalphysiker beobachten bei der Untersuchung der elektromagnetischen Wellen eine exakte quantitative Übereinstimmung der gemessenen Größen mit den aus den Maxwellschen Gleichungen berechneten.

Das Jahr 1895 ist mit einem Ereignis verknüpft, das mit Recht als revolutionär bezeichnet wird. A. S. Popow gelang es als erstem, die Möglichkeit zu demonstrieren, Informationen mittels elektromagnetischer Wellen als Informationsträger über große Entfernungen zu übermitteln. In den folgenden 30–40 Jahren kam das Radio, das Fernsehen, die Radartechnik, etwas später der Vorstoß in den Kosmos und die Radioastronomie. Gleichzeitig hat sich (und dies geschieht in der Wissenschaft gesetzmäßig) die Elektrodynamik vom Hauptgegenstand der Forschungen in der Physik zu einer Ingenieurdisziplin verwandelt, mit deren Hilfe Sender und Empfänger von Fernsehstationen, Radioteleskope, Antennen von Übertragungssatelliten u. v. a. m. berechnet werden.

Die Physiker, die mit der Erforschung der Gravitationswechselwirkung befaßt sind, befinden sich zur Zeit (wenn man eine Analogie zur Geschichte sucht) irgendwo „zwischen Maxwell und Hertz“. Das Problem besteht darin, daß den Einsteinschen Gleichungen ebenso wie den Maxwellschen Gleichungen Wellenlösungen genügen, d. h., es müssen Gravitationswellen existieren (oder anders ausgedrückt: Wellen einer veränderlichen Krümmung). Der in Analogie zu Hertz durchzuführende Gravitationsversuch ist aber bis jetzt noch nicht realisiert worden. In diesem Kapitel werden wir detailliert auf das Problem des Nachweises von Gravitationswellen eingehen und darüber sprechen, was den Experimentatoren auf dem Wege zur Lösung dieses Problems bereits gelungen ist.

In der Maxwellschen Elektrodynamik führt die veränderliche Bewegung einer elektrischen Ladung zur Abstrahlung einer elektromagnetischen Welle. Dasselbe Ergebnis ist in einer der Lösungen der Einsteinschen Gleichungen enthalten: Die veränderliche (periodische) Bewegung einer

Masse führt zur Ausstrahlung von Gravitationswellen. Die Strahlungsleistung muß sowohl im ersten wie auch im zweiten Fall dem Ladungsquadrat (bzw. dem Quadrat der Masse) proportional sein. Die Gravitationswechselwirkung ist aber um vieles schwächer als die elektromagnetische. (Sie ist wegen der Kleinheit der Gravitationskonstanten G die schwächste Wechselwirkung überhaupt.) Deshalb ist der Proportionalitätsfaktor vor dem Quadrat der Masse im Fall der Gravitationswechselwirkung äußerst klein. Mit anderen Worten, die Effektivität der Gravitationsstrahlung ist überaus gering.

Außer dieser quantitativen Ursache des relativ kleinen Wirkungsgrades der Gravitationsstrahlung existiert noch eine andere Ursache, die mit dem qualitativen Unterschied zwischen elektromagnetischer und Gravitationswechselwirkung zusammenhängt. Dieser qualitative Unterschied besteht in folgendem: Wir erinnern uns, daß in der Elektrodynamik elektrische Ladungen verschiedenen Vorzeichens existieren (Elektronen und Protonen). Das Verhältnis von elektrischer Ladung zu Masse kann selbst für solche Körper verschieden sein, die gleichartig geladen sind (unterschiedlicher Elektronenüberschuß bzw. -mangel). In der Gravitation haben alle Ladungen das gleiche Vorzeichen (die schweren Massen), und das Verhältnis der Gravitationsladung zur trägen Masse ist stets gleich. Die letzte Behauptung ist gerade das Äquivalenzprinzip, das als Postulat der Allgemeinen Relativitätstheorie zugrunde liegt und das durch sehr genaue Messungen (s. 7. Kapitel) bestätigt wird. Aufgrund dieses qualitativen Unterschiedes erhält die Effektivität der Gravitationsstrahlung einen zusätzlichen Kleinheitsfaktor. Die folgende einfache Betrachtung wird uns helfen zu verstehen, warum dies so ist.

Wir wollen uns ein isoliertes System aus zwei Körpern vorstellen. Angenommen, ein Körper der Masse m wird durch eine zeitlich veränderliche Kraft $F(t)$ beschleunigt, die von einem anderen Körper der Masse M aus entlang der positiven x-Achse wirkt. Dann muß der Körper M unter Einwirkung der Kraft $-F(t)$ in entgegengesetzter Richtung beschleunigt werden, so daß das gemeinsame Schwerezentrum in Ruhe bleibt (gemäß dem dritten Newtonschen Gesetz, das übrigens auch in der Allgemeinen Relativitätstheorie seine Gültigkeit behält, wenn es als Impulserhaltungssatz formuliert wird).

Weil nun die trägen Massen der Körper gleich ihren

schweren Massen sind und die Beschleunigungen der zwei Körper umgekehrt proportional ihren trägen Massen und entgegengesetzt gerichtet sind, wird die Gravitationsstrahlung der einen Masse fast vollständig durch die Strahlung der anderen „kompensiert“. Die Physiker sprechen in diesem Fall davon, daß in der Gravitation keine Dipolstrahlung existiert, sondern nur die Quadrupolkomponente. Die Dipolstrahlung ist dagegen der übliche Fall in der Elektrodynamik, nämlich Strahlung aufgrund der Bewegung der zwei Pole eines Dipols, also zweier Ladungen mit verschiedenem Vorzeichen. (Der Leser hat sicher viele Male auf den Häuserdächern die Dipolantennen für den Fernsehempfang wahrgenommen.) Die Quadrupolstrahlung ist die Strahlung zweier entgegengesetzt gerichteter Dipole, die einander fast vollständig kompensieren. Dieses Bild der Gravitationsstrahlung ist den Physikern (nicht nur qualitativ, sondern auch quantitativ) fast unmittelbar nach der Schaffung der Allgemeinen Relativitätstheorie klar geworden. Wenn man sich z. B. vorstellt, daß wir im Labor die mechanischen Schwingungen eines Stahlblocks von 10 t Masse verstärken würden (oder denselben rotieren ließen), dann überstiege die Leistung der Gravitationsstrahlung trotzdem nicht den Wert von 10^{-20} W. Dies wäre selbst dann der Fall, wenn die Beschleunigungsamplituden bei den Schwingungen oder bei der Rotationsgeschwindigkeit ihren Grenzwert erreichen würden, bei der der Block zerreißt.

Die pessimistische Stimmung in bezug auf die Möglichkeit, im Labor eine ausreichend starke Quelle zur Erzeugung von Gravitationsstrahlung zu installieren, hielt etwa 40 Jahre an, bis sich eine neue Richtung in der Physik ausbildete, die relativistische Astrophysik. Auf diesem Gebiet vereinen sich auf bemerkenswerte Weise feinsinnige, äußerst genaue Beobachtungsexperimente mit theoretischer Phantasie (die natürlich trotzdem auf den gesamten Erkenntnissen der modernen, streng theoretischen Physik basiert). Die theoretischen Astrophysiker interpretieren die Beobachtungsdaten und schlagen Programme für die zielgerichtete Suche nach qualitativ neuen Objekten und Erscheinungen vor. Während der letzten 20 Jahre fand in der Astrophysik buchstäblich eine Revolution statt, wenn man aufgrund der Menge neuer physikalischer Prozesse und Objekte, die vorhergesagt und dann entdeckt worden sind (oder entdeckt und danach verstanden worden sind), urteilt. Die Astrophysiker haben als erste verstanden, daß man sich nicht unbedingt bemühen sollte, einen Generator für Gravitationswellen in einem irdischen Labor zu bauen, sondern daß man besser die natürlichen Quellen, die uns die Natur anbietet, nutzen sollte. Die Logik bei der Suche nach solchen Generatoren gründet sich auf einen einfachen Umstand, der bereits in diesem Kapitel behandelt worden ist. Die Leistung sowohl der elektromagnetischen als auch der Gravitationsstrahlung ist dem Quadrat der Ladung proportional (im Fall der Gravitation dem Quadrat der Masse m^2). Wenn die Masse wächst, muß bei sonst gleichen Bedingungen die Effektivität der Strahlung ebenfalls wachsen. Es sei darauf hingewiesen, daß der gesamte Energievorrat in einem beliebigen Objekt der Masse m gleich mc^2 ist (d. h., er ist der ersten Potenz der Masse proportional). Damit kann man erwarten, daß mit dem Anwachsen der Masse der „Wirkungsgrad“ (die Effektivität) der Umwandlung von Masse in Gravitationsstrahlung wachsen muß. Wegweisende Arbeiten in dieser Richtung sind mit den Namen der sowjetischen Wissenschaftler Ja. B. Seldowitsch, I. S. Kardaschow, I. S. Schklowski und I. D. Nowikow verknüpft. Im Verlauf dieser Arbeiten stellte sich heraus, daß es für einen genügend großen Wirkungsgrad notwendig ist, hinreichend dichte, sternförmige Objekte zu suchen, deren Massen mit der der Sonne vergleichbar oder größer und deren Durchmesser nicht zu groß sind. In diesem Fall sind relativ hochfrequente Signale zu erwarten.

Gegenwärtig reicht die Zahl der theoretischen Arbeiten der Astrophysiker einschließlich der Übersichtsartikel und Bücher, in denen die verschiedenen „Szenarien“ behandelt werden, wie Gravitationsstrahlung entstehen kann, wohl an die tausend. Etwas vereinfacht lassen sich diese „Szenarien“ etwa wie folgt zusammenfassen: Die effektivsten Quellen von Gravitationsstrahlung müssen solche astrophysikalischen Katastrophen sein wie etwa der Zusammenstoß von Neutronensternen oder von Schwarzen Löchern (über diese werden wir noch eingehend im 13. Kapitel berichten), eine Supernovaexplosion oder ein asymmetrischer Sternkollaps. Bei diesen Prozessen kann man erwarten, daß einige Prozent von Mc^2 (wobei M die Masse des Sterns bezeichnet) in ein starkes Signal von Gravitationsstrahlung umgesetzt werden. Die theoretischen Astrophysiker haben sogar Tabellen aufgestellt, mit welcher Wahrscheinlichkeit und wie oft entsprechende Ereignisse stattfinden müssen.

Aus diesen Tabellen läßt sich (freilich nur sehr grob) abschätzen, wie groß Dauer, Amplitude und Empfangswahrscheinlichkeit von Gravitationswellenimpulsen auf der Erde sind, wenn diese in unserer Galaxis (oder der benachbarten) infolge der oben angeführten astrophysikalischen Katastrophen erzeugt werden.

Hier sei als Beispiel eine „Zeitskala" aus dieser Tabelle genannt. Etwa einmal im Monat muß ein Gravitationswellenimpuls das Sonnensystem passieren. Seine Zeitdauer beträgt dabei 10^{-4} bis 10^{-3} s, und pro Quadratzentimeter sollen dabei etwa 10^{-4} J fließen. Der Leser ist möglicherweise über diesen phantastisch hohen Wert verblüfft: Man stelle sich vor, den Körper eines jeden Lesers durchdringt jeden Monat in Form eines kurzen Signals etwa 1 J Gravitationsstrahlung. Dennoch läßt sich zeigen, daß eine solche Abschätzung recht vernünftig ist. Wir stellen uns vor, daß in einer Entfernung R von etwa 10 Mill. Lichtjahren ($R \approx 10^{25}$ cm) eine der erwähnten Katastrophen stattgefunden hat, bei der ein Stern mit etwa der zehnfachen Sonnenmasse $m \approx 10\ M_{\odot} = 2 \cdot 10^{34}$ g $= 2 \cdot 10^{31}$ kg beteiligt war. Man nimmt an, daß sich 10 % der Ruhmassenenergie mc^2 in Gravitationsstrahlung umwandeln. (Für hinreichend dichte Sterne sagt die Allgemeine Relativitätstheorie gerade eine solche Effektivitätsrate für die Umwandlung von Masse in Gravitationsstrahlung voraus.) Wir erhalten dann den Schätzwert von 10^{-4} J/cm^2, indem wir 0,1 mc^2 durch die Fläche der Kugel $4\pi R^2$ dividieren. Es sei darauf hingewiesen, daß in einer Kugel mit dem Radius $R = 10^{25}$ cm ≈ 10 Mill. Lichtjahre etwa 300 Galaxien enthalten sind. In jeder Galaxie wird im Mittel alle 30 Jahre eine Supernovaexplosion beobachtet (einer der Kandidaten für die Rolle eines effektiven Generators von Gravitationswellen). Aus beiden Zahlen folgt dann die oben genannte Abschätzung: Auf der Erde ist mit einem solchen Ereignis etwa einmal im Monat zu rechnen.

Der angegebene Schätzwert für die Leistung eines Gravitationswellensignals und die Frequenz der Durchgänge durch die Erde werden allgemein als sehr optimistisch angesehen. Leider wissen die theoretischen Astrophysiker nicht exakt und im Detail, wie solche Katastrophen ablaufen. Viele der Theoretiker meinen, daß es durchaus zulässig ist, eine kleinere Effektivität (d. h. eine größere

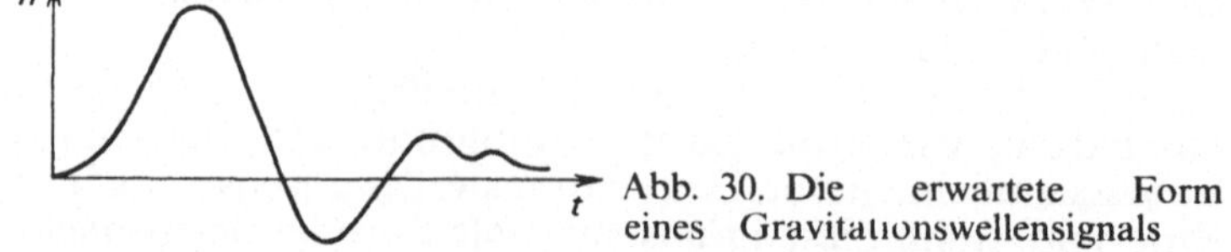

Abb. 30. Die erwartete Form eines Gravitationswellensignals

Symmetrie der Massenbewegung) anzunehmen, und deshalb tendiert deren Abschätzung zu 10^{-6} J/cm^2. Die Position der theoretischen Astrophysiker läßt sich etwa folgendermaßen charakterisieren. Sollen die Experimentatoren erst einmal Signale registrieren, dann wollen wir schon unsere genäherten Modelle für die in Frage kommenden astrophysikalischen Katastrophen verbessern. Die zu erwartende Form der Gravitationswellensignale (deren Zeitabhängigkeit) ist ebenfalls theoretisch vorhergesagt worden (Abb. 30).

Eine Dichte der Gravitationsstrahlung von etwa 10^{-6} J/cm^2 ist durchaus nicht zu klein. In der Tat, wenn es sich um elektromagnetische Strahlung handeln würde, dann könnte man diese fast schon unter Hobbybedingungen registrieren, indem man einen einfachen Radioempfänger leicht verändert. Allein aus dem gleichen Grunde, weshalb es unter Laborbedingungen schwer ist, Gravitationsstrahlung geeigneter Stärke zu erzeugen, ist es auch schwierig, diese zu empfangen und zu registrieren. Die Hauptanstrengungen der Experimentalphysiker in 20 Labors verschiedener Länder auf unserem Planeten sind darauf gerichtet, hinreichend empfindliche, irdische Gravitationsantennen zu konstruieren, um eben jene kurzen Signale der Gravitationsstrahlung empfangen zu können.

Wir wollen nun den Aufbau solcher Gravitationsantennen etwas detaillierter betrachten. In Übereinstimmung mit dem Äquivalenzprinzip bewegen sich zwei freie Massen im homogenen Gravitationsfeld mit gleichen Beschleunigungen. Folglich würde ein beliebiges Gerät, das man zwischen den beiden freien Massen installiert, dieses homogene Gravitationsfeld nicht registrieren. Die grundlegende Behauptung setzt aber andererseits die Existenz einer prinzipiellen Meßmöglichkeit voraus. Die Beschleunigung zweier Massen (jede für sich genommen) kann man entweder „von außen“ (d. h. von einem Gebiet aus, in dem kein Gravitationsfeld existiert) oder – unter Berücksichtigung der Entfernung – von einer gebundenen Masse aus, deren

Bewegung nicht allein durch das Gravitationsfeld bestimmt wird, messen. So ein geeignetes Bezugssystem für die Messung der Beschleunigung des freien Falls sind unter irdischen Bedingungen jene Körper, die auf der Erdoberfläche ruhen: dem Bestreben dieser Körper, „nach unten" zu fallen (zum Erdzentrum), wirken die Elastizitätskräfte entgegen.

Nun versuchen wir uns qualitativ vorzustellen, was eine Gravitationswelle ist und wodurch sie sich von einer elektromagnetischen unterscheidet. Eine Gravitationswelle ist ein Raumgebiet veränderlicher Krümmung. Die Krümmung macht sich in Form zeitlich und räumlich veränderlicher Beschleunigungen zwischen Probekörpern bemerkbar. Die Welle muß von der Quelle „fortlaufen". Gemäß der Allgemeinen Relativitätstheorie ist ihre Ausbreitungsgeschwindigkeit gleich der Lichtgeschwindigkeit. Die Beschleunigungen, die durch Gravitationswechselwirkung hervorgerufen werden (insbesondere die Beschleunigungen in der Gravitationswelle), besitzen universellen Charakter, d. h., sie wirken auf beliebige Massen in gleicher Weise. Folglich ist es nicht möglich, eine Gravitationswelle in einem Punkt (d. h. in einem beliebig kleinen Raumgebiet) nachzuweisen. Darin besteht auch der qualitative Unterschied zwischen Gravitations- und elektromagnetischen Wellen.

Eine elektromagnetische Welle kann prinzipiell in einem Punkt gemessen werden. Dazu ist es notwendig, in diesem Punkt zwei Massen unterzubringen, eine mit der elektrischen Ladung q und eine zweite ungeladene (oder mit entgegengesetzter Ladung $-q$). Ein empfindliches Dynamometer mißt die Kraft zwischen den Massen $F = Eq$ ($E \mathrel{\hat{=}}$ Feldstärke in der elektromagnetischen Welle).

Eine Gravitationswelle kann man nur in dem Fall messen, wenn der Abstand zwischen den beiden Massen (Gravitationsladungen) endlich ist. Mit anderen Worten, der Empfänger (die Antenne) für die Gravitationsstrahlung kann nur die Differenz zweier Beschleunigungen, d. h. die relative Beschleunigung, zwischen den zwei Massen feststellen. Solche Beschleunigungen werden gewöhnlich als Gezeitenbeschleunigungen bezeichnet und die damit verbundenen Gravitationskräfte als Gezeitenkräfte. Die Gezeitenkraft ist um so größer, je schneller sich das Gravitationsfeld von Punkt zu Punkt ändert, je größer der Abstand zwischen den Punkten ist. Durch ebensolche

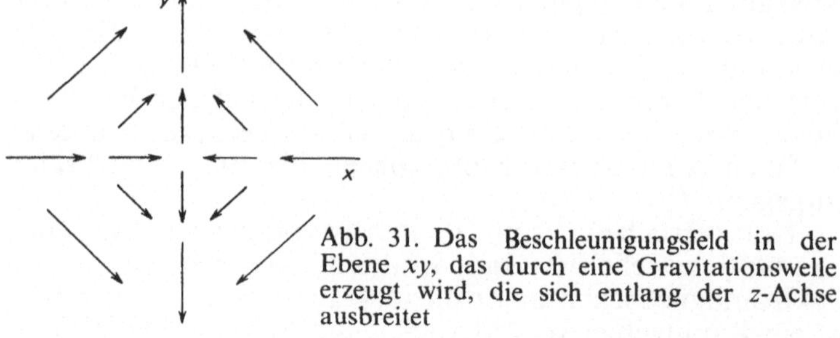

Abb. 31. Das Beschleunigungsfeld in der Ebene xy, das durch eine Gravitationswelle erzeugt wird, die sich entlang der z-Achse ausbreitet

Kräfte werden die Meeresgezeiten, Flut und Ebbe der Ozeane, verursacht (woraus auch die Bezeichnung resultiert). Jene Punkte des Ozeans, die dem Mond zugewandt sind, werden von diesem stärker angezogen als die Teile des Ozeans auf der entgegengesetzten Erdseite, da sie dem Mond um 12800 km (dies entspricht dem Erddurchmesser) näher sind. Deshalb entstehen im Ozean zwei „Buckel“, die sich gegenüber dem Land während der täglichen Erdrotation verschieben, was als aufeinanderfolgende Ebbe und Flut wahrgenommen wird.

Am Beispiel der Gravitationswellen können wir zu einem wichtigen physikalischen Schluß über die Eigenschaften des Gravitationsfeldes überhaupt gelangen: Die Krümmung der Raum-Zeit, die dem Gravitationsfeld entspricht, tritt in Form von Gezeitenbeschleunigungen in Erscheinung. In Abb. 31 ist die Struktur der Beschleunigungen dargestellt, die durch eine ebene Gravitationswelle erzeugt wird, die sich in z-Richtung ausbreitet. Die Länge der Pfeile – der Beschleunigungsvektoren – ist der Beschleunigungsamplitude proportional. Wenn wir zwei beliebige Massen in einer Entfernung l voneinander postieren, dann ist die Beschleunigungsamplitude desto größer, je größer l ist. Das bedeutet, daß die relative Verschiebung von freien Probemassen $\Delta l/l$, die durch eine solche Beschleunigungsdifferenz verursacht worden ist, für alle die Paare von Probemassen gleich ist, die auf einer Geraden liegen. Diese Größe wird in der modernen Interpretation der Allgemeinen Relativitätstheorie als Variation der räumlichen Metrik bezeichnet und durch h gekennzeichnet:

$$h \approx \frac{1}{2}\frac{\Delta l}{l}. \qquad (12.1)$$

Zu Beginn dieses Kapitels haben wir eine recht optimistische Voraussage der Astrophysiker angeführt: Etwa einmal im Monat soll auf der Erde ein Gravitationswellensignal mit einer Dauer von 10^{-4} bis 10^{-3} s und einer Energiedichte von 10^{-4} J/cm^2 eintreffen. Diesen beiden Zahlenwerten entspricht die Größe von $h \approx 2 \cdot 10^{-19}$. Diese Abschätzung bedeutet, daß bei $l \approx 1$ m der Betrag der Vergrößerung und abschließenden Verkürzung des Abstandes $\Delta l_G \approx (1/2)\, lh \approx 10^{-17}$ cm beträgt. Die Größe Δl_G ist außerordentlich klein, und deshalb ist es sogar schwierig, eine Gravitationswellenantenne mit einer Empfindlichkeit herzustellen, die wenigstens den Nachweis sehr starker Signale von Gravitationsstrahlung astrophysikalischer Katastrophen erlaubt. Hier sei darauf hingewiesen, daß nach der Prognose der Astrophysiker der Leser dieser Zeilen etwa einmal im Monat während einer Millisekunde (oder eines noch kürzeren Zeitintervalls) eine Verlängerung und anschließend eine Verkürzung um etwa $2 \cdot 10^{-17}$ cm durchmacht (unter der Voraussetzung, daß der Leser etwa 2 m groß ist). Die pessimistische Prognose sagt dagegen voraus, daß der Leser durch die Gravitationswelle um ein bis zwei Größenordnungen weniger deformiert wird.

Nun wollen wir uns dem Prinzip zuwenden, das der Konstruktion von Gravitationswellendetektoren zugrunde liegt. Aus dem Vorangegangenen folgt offensichtlich, daß zur Konstruktion einer genügend empfindlichen Antenne mindestens zwei Probemassen benötigt werden und zudem eine empfindliche Vorrichtung, die deren relative Bewegung mißt. Außerdem ist es ganz klar, daß man ein Höchstmaß an Aufwand betreiben muß, um die Probemassen vor Krafteinwirkungen nichtgravitativen Ursprungs zu schützen (zu isolieren). Dazu gehören z. B. akustische und seismische Störungen. Selbst die findigsten Experimentatoren können nicht vollkommen sicher sein, daß die Probemassen zuverlässig von solchen Einflüssen abgeschirmt sind. Die Rettung liegt darin, mit zwei Antennen synchron zu arbeiten. Dieses Verfahren wird allgemein als Koinzidenzmessungen bezeichnet. In den Aufzeichnungen der Schwankungen der relativen Bewegung zweier Probemassenpaare werden bei dieser Versuchsanordnung nur solche „Ereignisse“ berücksichtigt, die gleichzeitig bei beiden Paaren gemessen worden sind. Dadurch lassen sich alle lokalen Einflüsse, die nicht durch die Gravitation entstanden sind, ausschließen und die Rolle des inneren Rauschens, von dem noch die Rede sein wird, abschwächen.

In diesem allgemeinen Schema sind zwei verschiedene Richtungen der Konstruktion von Gravitationswellenantennen enthalten. Beim ersten Typ werden gekoppelte Probemassen, die sich in relativ geringem Abstand befinden, benutzt, während beim zweiten Typ praktisch freie Massen in weiter Entfernung voneinander verwendet werden. Wir wollen diese Antennentypen etwas eingehender betrachten.

Die Idee einer Gravitationswellenantenne mit gekoppelten Probemassen geht auf den amerikanischen Physiker J. Weber zurück. Die Idee besteht in folgendem. Wir stellen uns vor, daß zwei Massen durch eine Feder der Länge l verbunden sind. Man wählt nun die Elastizität der Feder so, daß die Periode der mechanischen Schwingungen τ_{mech} etwa gleich der Dauer des Gravitationswellensignals τ_G ist. In diesem Fall wird das Gravitationswellensignal stoßartig Schwingungen in diesem mechanischen Oszillator erzeugen. Der Fehler bei der Wahl des Wertes von τ_{mech} ist unwesentlich. Wenn sich τ_{mech} um 50% von τ_G unterscheidet, dann ist die Amplitude bei einer solch „schlechten Einstellung" der Antenne etwa gleich $\Delta l_G \approx 0{,}5\ hl$. Die stoßartige Anregung wird der Oszillator um so länger im Gedächtnis behalten, je geringer die Dämpfung bzw. je größer die Güte Q_{mech} ist. Von der Güte eines Schwingkreises war bereits im 6. Kapitel die Rede. Dieser Terminus hat den gleichen Sinn in bezug auf mechanische Resonanzkörper.

Anstelle zweier Massen und einer Feder kann man einen langen Zylinder (aus Metall oder einem Dielektrikum) benutzen und mit Hilfe eines empfindlichen Sensors die kleinen Längsschwingungen dieses Zylinders messen (Abb. 32). (Die Länge des Zylinders muß gleich der halben Schallwellenlänge und die Periode der entsprechenden Schallwelle etwa gleich τ_G sein.) Wenn man berücksichtigt, daß die Schallgeschwindigkeit in Metallen und Dielektrika zwischen 10^6 und $5 \cdot 10^5$ cm/s liegt und daß $\tau_{mech} \approx \tau_G \approx 10^{-3} \cdots 10^{-4}$ s ist, wird klar, in welcher Größenordnung die Länge l solcher Zylinder liegt. Sie beträgt zwischen 50 cm und 5 m. Genau solche Zylinder aus Aluminium sind als Grundelement bei der Konstruktion der ersten Gravitationswellenantennen Ende der 60er und Anfang der 70er Jahre verwendet worden. Die Zylinder hatten einen Durchmesser von 70 cm bis zu 1 m und eine Masse von

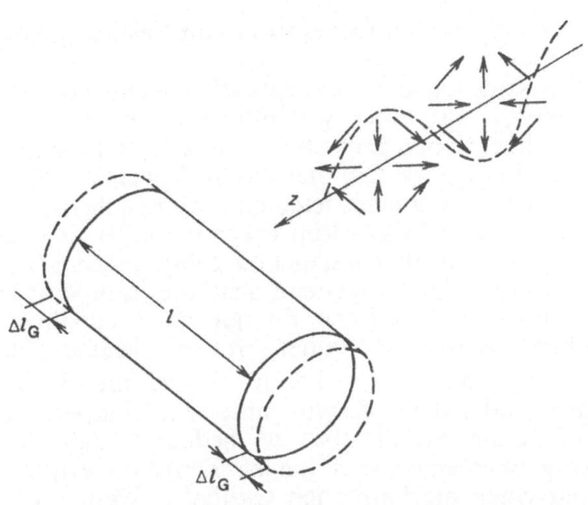

Abb. 32. Eine Gravitationswelle, die sich senkrecht zur Achse des massiven Zylinders entlang der z-Achse ausbreitet, erzeugt in diesem mechanische Schwingungen mit einer Amplitude $\Delta l_G \approx hl/2$

mehr als 1 t. Sie wurden in Vakuumkammern untergebracht (um sie akustisch zu isolieren) und auf einem „mehrfach geschichteten Sandwich" aus Stahlplatten und Gummizwischenlagen (zur Isolation gegen seismische Einflüsse) gelagert. Die Sensoren ermöglichten es, Veränderungen der longitudinalen Schwingungen der Zylinder bis zu 10^{-14} cm zu registrieren. Folglich erreichte die Empfindlichkeit (s. (12.1)) solcher Antennen $h \approx 10^{-16}$.

Koinzidenzmessungen mit mehreren Antennen in relativ vielen Labors verschiedener Staaten (UdSSR, USA, Italien, Frankreich, England, BRD) führten zu einem negativen Ergebnis. Auf dem Empfindlichkeitsniveau der ersten Generation der „Festkörperantennen" konnten während vieler Monate Beobachtungszeit eindeutig keine Gravitationswellensignale nachgewiesen werden, übrigens sehr zur Freude (oder wenigstens zur Beruhigung) der Theoretiker unter den Astrophysikern. Die Optimisten unter ihnen hatten ja schließlich einen um fast drei Größenordnungen geringeren Wert vorausgesagt, nämlich $h \approx 2 \cdot 10^{-19}$. Im Verlauf der vergangenen zehn Jahre haben die Experimentatoren, die sich mit den ersten negativen Resultaten nicht zufriedengaben, intensiv an der

Konstruktion einer zweiten Generation von Festkörperantennen gearbeitet.

Wir wollen kurz auf die Hauptursachen – und Schwierigkeiten – eingehen, die einer wesentlichen Verbesserung der Empfindlichkeit entgegenstehen. Zu allererst gehört dazu die Wärmebewegung. Die thermische Bewegung (z. B. die Brownsche Bewegung eines leichten Staubteilchens, die sich leicht unter einem Mikroskop erkennen läßt) ist eine prinzipielle Eigenschaft aller freien und gebundenen Massen, die eine von Null verschiedene absolute Temperatur besitzen. Die mittlere kinetische Energie einer zufälligen translatorischen Bewegung einer freien Masse ist $(1/2)\, m\, \overline{v^2} \approx (3/2)\, kT$, wobei $k = 1{,}4 \cdot 10^{-23}$ J/K die Boltzmannkonstante und T die in Kelvin gemessene Temperatur ist. Der horizontale Strich über v^2 bedeutet, daß der mittlere Betrag über einen sehr langen Zeitraum genommen wird. Für einen mechanischen Oszillator können die thermischen zufälligen Schwankungen folgendermaßen beschrieben werden: Das quadratische Mittel der Schwankungsamplitude thermischen Ursprungs $\sqrt{\overline{\Delta l_T^2}}$ ist

$$\sqrt{\overline{\Delta l_T^2}} \approx \sqrt{kT/m\omega_{\mathrm{mech}}^2}, \tag{12.2}$$

wobei $\omega_{\mathrm{mech}} = 2\pi/\tau_{\mathrm{mech}}$ die Eigenfrequenz der Oszillatorschwingungen ist. Um die angegebene Formel mittels Experiment prüfen zu können, ist es notwendig, $\Delta l(t)$ über ein Zeitintervall zu mitteln, das wesentlich länger ist als die Dämpfungszeit τ_{mech}^* des mechanischen Oszillators. Es ist nicht schwer zu zeigen, daß die mechanische Güte Q_{mech}, die Schwingungsperiode τ_{mech} und die Dämpfungszeit τ_{mech}^* durch eine einfache Formel miteinander in Beziehung gesetzt werden:

$$\tau_{\mathrm{mech}}^* \approx \tau_{\mathrm{mech}}\, Q_{\mathrm{mech}}. \tag{12.3}$$

Wenn ein Experimentator die Schwingungsamplitude des Oszillators nur über eine relativ kurze Zeitspanne $\hat{\tau}$ mißt ($\hat{\tau} \ll \tau_{\mathrm{mech}}^*$), dann wird er feststellen, daß die von ihm beobachtete Größe δl_T wesentlich von $\sqrt{\overline{\Delta l_T^2}}$ abweichen kann. Mehr noch, nach einem kurzen Zeitintervall $\hat{\tau}$ wird die zufällige Änderung der Schwankungsamplitude δl_T um so kleiner sein, je „stärker" die Ungleichung $\hat{\tau}/\hat{\tau}_{\mathrm{mech}}^* \ll 1$ erfüllt ist; δl_T läßt sich analytisch mit Hilfe der einfachen

Beziehungen

$$\delta l_\mathrm{T} \approx \sqrt{\overline{\Delta l_\mathrm{T}^2}}\sqrt{\frac{2\hat{t}}{\tau^*_\mathrm{mech}}} \approx \sqrt{\frac{kT\hat{t}}{m\omega_\mathrm{mech}Q_\mathrm{mech}}} \tag{12.4}$$

ausdrücken. Die Bedingung, daß man mit Hilfe der Festkörperantenne eine Reaktion auf ein Gravitationswellensignal nachweisen kann, sieht dann folgendermaßen aus:

$$0{,}5hl \approx \Delta l_\mathrm{G} > \delta l_\mathrm{T}. \tag{12.5}$$

Da Δl_G selbst nicht von der Masse abhängt, hat der Experimentator zur Erhöhung der Empfindlichkeit bei dieser Antennenvariante nur drei Möglichkeiten: entweder die Masse m zu erhöhen, die Güte Q_mech zu erhöhen oder die Temperatur T zu verringern. In dem Jahrzehnt, das nach den Arbeiten mit der ersten Generation von Gravitationswellenantennen verging, haben die Experimentatoren einige Erfolge erreicht: sie haben gelernt, die 5 t schweren Aluminiumzylinder auf 2 K abzukühlen und eine mechanische Güte Q_mech von Zylindern aus Monokristallen, aus Saphir und Silicium, die $2\cdot 10^9$ übersteigt (Aluminium hat bei Temperaturen von flüssigem Helium eine Güte $Q_\mathrm{mech} \approx 5\cdot 10^6$) zu erreichen.

Wir haben in aller Kürze das Rauschen, das allgemein als inneres, thermisches Rauschen der Festkörperantennen bezeichnet wird, behandelt. Ohne detailliert auf die Konstruktion von Sensoren für kleine Schwingungen einzugehen (dies würde uns wohl zu sehr vom Hauptthema des Buches entfernen), wollen wir an dieser Stelle nur anmerken, daß für die Festkörperantennen diese Aufgabe im großen und ganzen gelöst ist. Im 6. Kapitel ist kurz der Aufbau eines kapazitiven Sensors beschrieben worden, mit dessen Hilfe man schon bei $\hat{t} = 10$ s Schwankungsamplituden von $\Delta l = 2\cdot 10^{-17}$ cm messen kann. Eine solche Auflösung ist ausreichend für eine Steigerung der Antennenempfindlichkeit auf ein Niveau, das der optimistischen Prognose nahekommt.

Außer den genannten sind noch andere Sensoren hoher Empfindlichkeit, die auf anderen Prinzipien beruhen, entwickelt worden. Die ersten Probeläufe einer der Antennen aus der zweiten Generation haben gezeigt, daß ihre Empfindlichkeit einem $h = 3\cdot 10^{-18}$ entspricht, d. h. etwa um anderthalb Größenordnungen höher als die Empfindlichkeit der Antennen aus der ersten Generation liegt. Man kann durchaus hoffen, daß in den nächsten Jahren ein Niveau erreicht wird, das einem $h = 2 \cdot 10^{-19}$ entspricht und somit gestattet, die optimistische Prognose der Astrophysiker zu überprüfen.

Bevor wir zum zweiten Typ von Gravitationswellenantennen übergehen, d. h. zu den Antennen, die auf freien Massen basieren, verweilen wir kurz bei einem physikalischen Problem, das folgendermaßen formuliert werden kann: Sind eigentlich die Beziehungen für δl_T bei beliebig niedrigen Temperaturen T und beliebig großem Q_{mech} anwendbar? Diese Frage kann auch so gestellt werden: „Bis zu welchen kleineren Beträgen niederfrequenter Schwingungen δl darf der Experimentator auf die Vorstellungen der klassischen Physik zurückgreifen?“ Obwohl diese Frage im Zusammenhang mit den Gravitationswellenantennen aufgeworfen wurde, besitzt sie offensichtlich eine weit größere allgemeinphysikalische Bedeutung. Eine Antwort konnte erst vor relativ kurzer Zeit gegeben werden. Es stellte sich heraus, daß man bei hinreichend großen Q_{mech} und niedrigen Temperaturen T den makroskopischen Oszillator (selbst einen so großen wie die 5 t schweren Aluminiumzylinder) nicht mehr als klassisches Objekt betrachten darf. Um die richtige Antwort auf die gestellte Frage zu erhalten, erinnern wir uns an folgendes: Die Quantenmechanik verbietet die gleichzeitige und beliebig genaue Messung gewisser Paare von physikalischen Größen. So kann z. B. das Produkt der Unbestimmtheiten (Ungenauigkeiten) bei der Messung einer Koordinate und des entsprechenden Impulses nicht kleiner sein als die Hälfte der Planckschen Konstante $\hbar$:

$$\Delta l \Delta p \geqq \hbar/2. \tag{12.6}$$

Diese Unbestimmtheitsrelation läßt sich folgendermaßen verstehen. Während man beim Oszillator der Masse m die Koordinate mit einer Genauigkeit Δl_1 mißt, wird ihm ein gewisser unbekannter Impuls $\Delta p \geqq \hbar/(2\Delta l_1)$ vermittelt. Nach einer Viertelperiode der mechanischen Eigenschwingungen geht die Unbestimmtheit des Impulses Δp in die Unbestimmtheit der Amplitude (Koordinate) über:

$$\Delta l_2 \approx \frac{\Delta p}{m\omega_{mech}} \gtrapprox \frac{\hbar}{2m\omega_{mech}\Delta l_1}.$$

Im Verlauf der stetigen Koordinatenmessung an der Masse

m wird der Meßfehler in dem Fall unverändert bleiben, wenn $\Delta l_2 \approx \Delta l_1$. Daraus folgt

$$\Delta l_{\min} \approx \sqrt{\frac{\hbar}{2m\omega_{\mathrm{mech}}}}. \tag{12.7}$$

Es sei darauf hingewiesen, daß die Antwort nicht davon abhängt, welcher konkrete Detektor für die Koordinatenmessung ausgewählt wurde. Die Antwort ist eine Konsequenz der Gesetze der Quantenmechanik und der Bedingung, daß die Koordinate kontinuierlich gemessen wird. Wenn wir in die erhaltene Formel $m = 10^6$ g und $\omega_{\mathrm{mech}} = 10^4\ \mathrm{s}^{-1}$ einsetzen (das sind Parameter einer der Varianten der Festkörpergravitationswellenantennen), dann erhalten wir $\Delta l_{\min} = 3 \cdot 10^{-19}$ cm.

Vergleicht man die Beziehungen für $\Delta l_{\min}$ und δl_{T}, dann erhält man die Bedingung für die „Grenze", bei deren Überschreitung der Experimentator mit der Quantenmechanik konfrontiert wird, obwohl er mit durchweg makroskopischen, mechanischen Oszillatoren umgeht:

$$2kT\hat{t}/Q \leqq \hbar. \tag{12.8}$$

Wenn die Ungleichung (12.8) erfüllt ist, dann ist der klassische Zugang zur Antenne nicht mehr gerechtfertigt. Mißt man dann z. B. kontinuierlich die Änderung von $l(t)$, so ist es prinzipiell nicht möglich, eine infolge eines Signals auftretende Auslenkung der Antenne zu messen, die kleiner als $\Delta l_{\min}$ ist. Die erhaltene Abschätzung für $\Delta l_{\min}$ zeigt unter Berücksichtigung von $l = 1 \cdots 3$ m, daß Festkörperantennen eine Empfindlichkeit bis zu $h = 10^{-20} \cdots 10^{-21}$ erreichen können. Sofern man eine höhere Empfindlichkeit erreichen möchte, ist es notwendig, den Meßvorgang qualitativ anders zu gestalten. Als das Manuskript zu diesem Buch geschrieben wurde, war eine prinzipielle Möglichkeit, die Reaktion einer Antenne auf Signale nachzuweisen, die von einem geringeren δl als $\Delta l_{\min}$ begleitet werden, bereits gefunden worden (z. B. durch den Verzicht auf eine kontinuierliche Koordinatenmessung). Diese neuen Meßmethoden bestehen freilich vorläufig nur auf dem Papier, und die Experimentatoren beschäftigen sich gerade erst mit den Möglichkeiten ihrer Realisierung.

Wir wollen nun zur Betrachtung des zweiten Antennentyps übergehen, den Antennen mit freien Massen. Die Hauptidee besteht dabei darin, die Entfernung l wesentlich

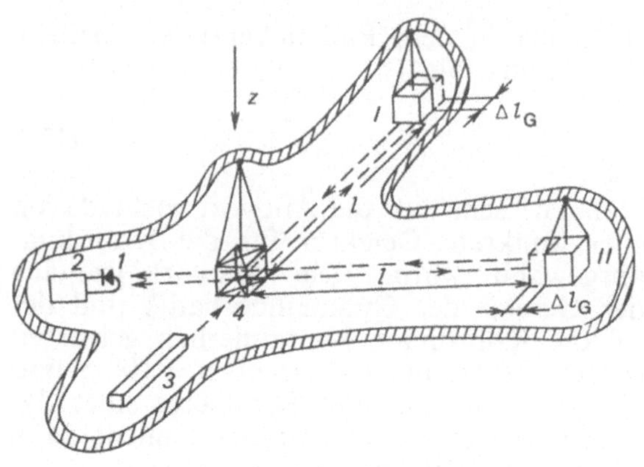

Abb. 33. Prinzipschema einer Lasergravitationsantenne.
In der Abbildung ist die Verschiebung der Spiegel *I* und *II* gezeigt ($\Delta l_G \approx hl/2$), die durch eine Gravitationswelle hervorgerufen wird, die sich entlang der *z*-Achse ausbreitet.
1 Fotodetektor, *2* Verstärker, *3* Laser, *4* halbdurchlässiger Spiegel. $\Delta l_G \approx 10^{-14}$ cm, $l \approx 10^5$ cm

zu vergrößern und damit eine beträchtlich stärkere Reaktion $\Delta l \approx 0{,}5\ hl$ zu erhalten. Als Folge davon werden die Anforderungen an die Isolation der Antenne gegenüber äußeren Störungen wesentlich geringer. Desgleichen sind auch die Anforderungen an die Herabsetzung des inneren (thermischen) Rauschens kleiner. Diese Antennen existieren bisher nur in Form von Modellen (Prototypen), und die größte von ihnen besitzt eine Ausdehnung von etwa 40 m. Die normale Arbeitsgröße einer solchen Antenne im Rahmen verschiedener Projekte liegt bei 1 bis 10 km. Der Wert für die optimistische Prognose Δl_G muß etwa $2 \cdot 10^{-14}$ bis $2 \cdot 10^{-13}$ cm betragen. Es ist klar, daß man keinen mechanischen Resonator mit einer Länge von 1 km bauen und außerdem fordern kann, daß seine Eigenfrequenz etwa 1 kHz oder mehr beträgt. (In der Natur existieren keine Festkörper, in denen die Schallgeschwindigkeit 10^3 km/s beträgt.) Eben deshalb hat eine solche Antenne, die keinen Resonator darstellt, kein Gedächtnis: sie „klingt“ nicht nach dem „Stoß“, der von der einfallenden Gravitationswelle hervorgerufen wird. Das bedeutet, daß man die Reaktion Δl_G notwendig unmittelbar, also während der Zeit des Einwirkens des Gravitationswellensignals, messen muß. Einerseits werden die Anforderungen an die Meßapparatur abgeschwächt (Δl_G ist größer), andererseits werden sie komplizierter (es läßt sich nicht mehr eine lang anhaltende Reaktion auf das Signal ausnutzen).

Vom Gesichtspunkt des Ingenieurs aus besteht die Gravitationsantenne, die auf freien Massen basiert, aus zwei Röhren, die unter einem rechten Winkel vereinigt sind und in denen ein Hochvakuum unterhalten wird. An den Enden der Röhren sind an langen Drähten massive Spiegel aufgehängt (Abb. 33), und im Schnittpunkt, ebenfalls an dünnen Drähten aufgehängt, ist auf einer massiven Basis ein optischer „Strahlentrenner" aufgebracht (eine Platte, deren Reflexionskoeffizient etwa gleich dem Durchlassungskoeffizienten ist). Die Periode der mechanischen Eigenschwingungen sowohl der Spiegel als auch des optischen Teilers an den Drähten (sie ist von der Größenordnung 1 s) ist wesentlich größer als τ_G. Eben deshalb werden solche Antennen als Antennen mit freien Massen bezeichnet. In ein solches System wird durch einen Laser mit sehr stabiler Frequenz und Leistung ein gebündelter Strahl Lichtquanten eingebracht. Dieser Strahl wird in zwei Strahlen aufgespalten, die nach der Reflexion an den Spiegeln wieder vereinigt werden, wobei sie miteinander interferieren. Dieser Strahl trifft auf einen Fotodetektor. Eine Verschiebung der Spiegel führt zu einer Verschiebung des Interferenzbildes. Der Fotodetektor und der an diesen angeschlossene Verstärker müssen sehr kleine Verschiebungen des Interferenzbildes unterscheiden können. Die Antennen mit freien Massen (manchmal werden sie auch als Lasergravitationsantennen bezeichnet) sind bisher noch etwas hinter den Festkörperantennen „zurück". Mit dem ersten Einsatz solcher Antennen ist erst in einigen Jahren zu rechnen.

Die Experimentalphysiker haben begonnen, neben den irdischen Gravitationsantennen auch Antennen mit Hilfe von Satelliten zu konzipieren. Dies sind gleichfalls Antennen mit freien Massen. Die Entfernung l soll bei ihnen einige hundert Millionen Kilometer betragen. Da es so gut wie hoffnungslos ist, über solche Entfernungen (hinzu kommt noch ein bedeutender Geschwindigkeitsunterschied der Satelliten gegenüber der Erde) ein statisches „Interferenzbild" zu halten (wie das bei der irdischen Antenne der Fall ist), ist man auf die Idee gekommen, nicht die Größe Δl_G selbst zu messen, sondern deren zeitliche Ableitung (bzw., genauer ausgedrückt, die Variation der

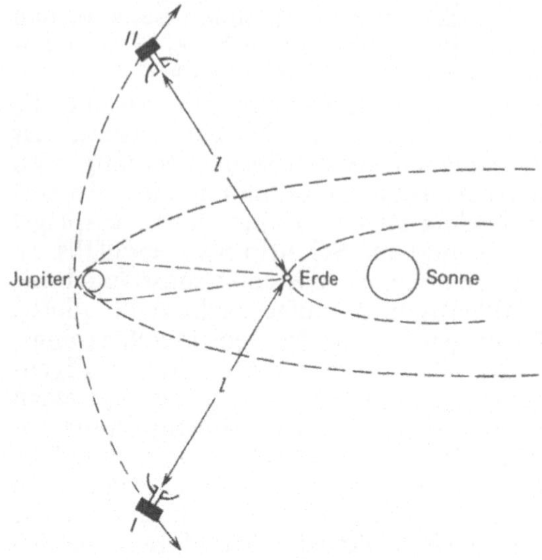

Abb. 34. Prinzipschema des Experiments zum Nachweis langwelliger Gravitationswellen mit Hilfe zweier Satelliten.
Die Satelliten *I* und *II* werden in Richtung Jupiter entsandt, dessen Gravitationsfeld sie derart ablenkt, daß der Satellit *I* unterhalb und der Satellit *II* oberhalb der Ebene der Ekliptik ihren Flug fortsetzen

zeitlichen Ableitung) mit Hilfe des Dopplereffektes (s. 6. Kapitel). Diese Antennen sind allerdings auf einen anderen Mechanismus der Gravitationswellenerzeugung ausgerichtet, dessen Vorhandensein die theoretischen Astrophysiker im Kosmos vermuten.

Bei diesem „Szenarium" muß die Dauer der Signale wesentlich größer sein, nämlich $\tau_G = 100 \cdots 1000$ s, und die Größe h von der Ordnung 10^{-16} bis 10^{-17}. In Abb. 34 ist das Schema eines der Projekte solcher Antennen dargestellt.

Zwei Raumsonden, die von der Erde in Richtung Jupiter gestartet werden, sollen sich im Gravitationsfeld dieses Riesenplaneten „trennen" und die Ebene des Sonnensystems (Ebene der Ekliptik) verlassen, und zwar so, daß sich eines der Raumschiffe „oberhalb" der Ebene der Ekliptik befindet und das andere „unterhalb". Während einiger Monate Flug werden die Erde und die zwei Satelliten zwei Gravitationsantennen bilden, mit denen man auch Koinzidenzmessungen betreiben kann. Das beschriebene Projekt wird möglicherweise zu Beginn der 90er Jahre unseres Jahrhunderts realisiert werden.

In diesem Kapitel haben wir über verschiedene Projekte detailliert berichtet (die sich in verschiedenen Vorbereitungsstadien befinden), mittels derer Gravitationswellensignale von jenen Quellen entdeckt werden sollen, die nach Meinung der theoretischen Astrophysiker existieren müßten. Ob es wirklich solche Quellen gibt und wie groß deren Effektivität ist, darauf kann nur das direkte Experiment mit den entsprechenden Antennen eine Antwort geben. Andererseits sind existierende Quellen recht zuverlässig bekannt: das sind die engen Doppelsternsysteme, deren Umlaufperiode wenige Stunden beträgt. Unsere Zuversicht, daß Doppelsterne Gravitationswellen abstrahlen, gründet sich auf die Allgemeine Relativitätstheorie, da bei der Bewegung dieser Systeme veränderliche Beschleunigungen auftreten.

Etliche Doppelsterne, die sich relativ nahe der Erde befinden, sind sehr eingehend untersucht worden. Für diese sind sowohl die Entfernung als auch die Masse der einzelnen Komponenten und mit hoher Genauigkeit die Umlaufperioden bekannt. Dennoch erzeugen selbst die „schnellsten" von ihnen, d. h. jene, die die größten Massen und die größte Umlauffrequenz haben, leider einen zu schwachen Gravitationsstrahlungsfluß. Die Variation der räumlichen Metrik beträgt beim geeignetsten Paar $h = 2 \cdot 10^{-21}$. Die Periode der Metrikänderung (sie ist gleich der Hälfte der Umlaufperiode der Komponenten bezüglich des gemeinsamen Massenschwerpunktes) beträgt etwa zwei Stunden. Ein mechanischer Oszillator mit einer solchen Frequenz läßt sich freilich bauen (z. B. ein Torsionspendel), doch dabei ist es äußerst schwierig, diesen von den äußeren Einflüssen zu isolieren (solche wären schon ein in 1 km Entfernung vorbeifahrender Lastwagen). Genaue Berechnungen zeigen, daß selbst die Möglichkeit, das Signal über lange Zeit aufzusummieren (die Frequenz ist schließlich sehr genau bekannt), das Projekt nicht retten kann. Mit anderen Worten, dieses Projekt ist unter den relativ bescheidenen Laborbedingungen einfach nicht real.

Nichtsdestoweniger haben sich die Doppelsterne als nützlich für die Überprüfung einer fundamentalen Konsequenz der Allgemeinen Relativitätstheorie – der Existenz von Gravitationswellen – erwiesen. Dieser Nachweis konnte vor kurzem geführt werden und hat zu einer guten

Bestätigung der Allgemeinen Relativitätstheorie geführt. Er basiert auf sorgfältigen Beobachtungen und dem Vergleich der gemessenen Daten mit den berechneten. Die Idee besteht in folgendem: Beim Abstrahlen von Gravitationswellen muß das Sternenpaar Energie verlieren. Das bedeutet, daß sich beide Sterne einander nähern müssen, die Umlaufperiode verkürzt sich entsprechend. Damit ist die Periodenänderung festzustellen, und die Ergebnisse sind dann mit den berechneten zu vergleichen. Eine solche Variante zur Überprüfung der Konsequenzen aus der Allgemeinen Relativitätstheorie war schon vor 20 Jahren im Gespräch. Es war aber kein geeignetes Sternenpaar bekannt. In einem gewöhnlichen Doppelsternsystem kann Masse von einem Stern auf den anderen fließen, wenn sich die Sterne dicht beieinander befinden. Dann ändert sich die Periode nicht nur aufgrund des Energieverlustes durch die Gravitationsstrahlung.

Diese Situation blieb so lange bestehen, bis der berühmt gewordene Doppelpulsar PSR 1913+16 (ein alter Bekannter aus dem 10. Kapitel) entdeckt worden war. Dieses System besteht aus zwei kompakten Sternen. Einer von ihnen ist ein Neutronenstern, der als Pulsar in Erscheinung tritt. Es ist sehr wahrscheinlich, daß auch die andere Komponente des Systems ein Neutronenstern ist. Deshalb ist die Möglichkeit, daß von einem Stern auf den anderen Materie überfließt, praktisch ausgeschlossen. Langjährige Periodenbeobachtungen haben gezeigt, daß dieser Pulsar tatsächlich Energie seiner Umlaufbewegung verliert und daß diese Verluste recht befriedigend mit den Berechnungen der Energieverluste durch Gravitationsstrahlung übereinstimmen. Die Genauigkeit, mit der die Allgemeine Relativitätstheorie in diesen Beobachtungen bestätigt werden konnte, beträgt 15%. Die Änderung der Umlaufperiode des Pulsars führt dazu, daß das Signal der Radiostrahlung, das zu dem Zeitpunkt ausgesendet wird, wenn der Pulsar das Periastron durchläuft, den Beobachter mit einer gewissen positiven Phasenverschiebung gegenüber dem vorausberechneten Moment des Eintreffens erreicht. Da die Zeit zwischen der Ankunft benachbarter Signale linear mit der Zahl der Impulse wächst, so wächst die erwähnte Phasenänderung wie das Quadrat der Beobachtungszeit. Nach einem Jahr betrug die Phasenverschiebung 0,04 s, nach 6 Jahren Beobachtung betrug diese Verschiebung schon mehr als 1 s! In Abb. 35 b, die aus der

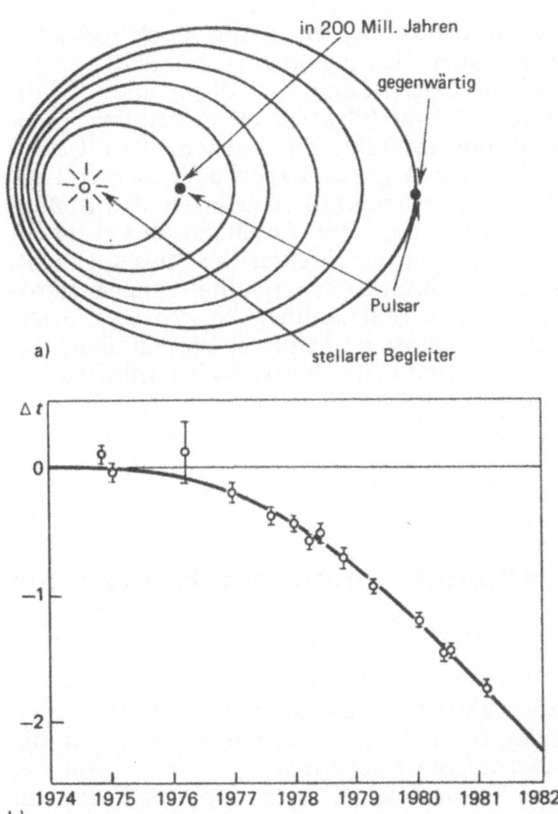

Abb. 35. Die Bestätigung der Existenz von Gravitationsstrahlung (durch den Pulsar PSR 1913 + 16).
a) Die Verringerung des Bahndurchmessers hängt mit dem Übergang der Energie der Orbitalbewegung in Gravitationswellenenergie zusammen.
b) Durch die Abstrahlung von Gravitationswellen durchläuft der Pulsar das Periastron in immer kürzeren Abständen im Vergleich zu dem Fall, wenn die Umlaufperiode konstant bliebe; Δt Verschiebung der Durchgangszeit beim Periastron

Arbeit von J. Weisberg, J. Taylor und A. Fowler stammt, ist die befriedigende Übereinstimmung der Berechnung, durchgeführt auf der Grundlage der Allgemeinen Relativitätstheorie (dick ausgezogene Linie), mit den experimentell gewonnenen Daten (Kreise) zu erkennen. Die Autoren der erwähnten Arbeit bemerken dazu, daß „man in diesem Sinne den Pulsar als nicht völlig exakt gehende

Uhr ansehen kann, die zu Beginn richtig, doch weiterhin mit ständig wachsender Geschwindigkeit vorgeht".

Die beschriebene Überprüfung der Allgemeinen Relativitätstheorie bestätigt zwar (obwohl mit nicht allzu hoher Genauigkeit und nur indirekt) die Existenz von Gravitationswellen. Doch kann dieses Experiment nicht all die Anstrengungen der Experimentatoren ersetzen, den Einfluß der Gravitationswellen auf ihre Antennen direkt nachzuweisen. Wenn ein solcher direkter Nachweis gelingt, dann wird damit gleichzeitig eine qualitativ neue astrophysikalische Informationsquelle über die Prozesse in unserer Metagalaxis erschlossen. Mitunter spricht man davon, daß ein neuer Kanal astrophysikalischer Information eröffnet wird.

13. Wie „erkennt" man ein Schwarzes Loch?

Bis jetzt haben wir hauptsächlich die Effekte des schwachen Gravitationsfeldes behandelt. In diesem Kapitel soll die Rede von den Schwarzen Löchern sein, in deren Nähe die Krümmung der Raum-Zeit so stark wird, daß dies zu beträchtlichen Änderungen der Newtonschen Theorie führt.

Die wichtigste Frage, auf die wir uns bemühen wollen, eine Antwort zu finden, ist, auf welche Weise Schwarze Löcher in Erscheinung treten. Wie kann man sie entdecken? Doch zunächst wollen wir uns kurz mit den physikalischen Eigenschaften dieser erstaunlichen Objekte vertraut machen.

Ein Schwarzes Loch ist ein Gebiet der Raum-Zeit, aus dem kein Signal nach außen dringen kann. Die Grenze, die dieses Gebiet von der übrigen Welt trennt, heißt Ereignishorizont. Alles, was innerhalb des Ereignishorizonts geschieht, bleibt den Augen des äußeren Beobachters verborgen.

Schwarze Löcher besitzen ein so starkes Gravitationsfeld, daß selbst das Licht ihre Anziehungskraft nicht überwinden kann. Bei diesen riesigen Gravitationsfeldern ist die Newtonsche Theorie sozusagen nicht einmal mehr in nullter Näherung anwendbar.

Für die Beschreibung der Eigenschaften von Schwarzen Löchern ist die Allgemeine Relativitätstheorie notwendig. Dennoch – das mag kurios erscheinen – folgt die Möglichkeit der Existenz von Objekten wie Schwarzen Löchern bereits aus der Newtonschen Theorie. Um das zu demonstrieren, benutzen wir den Begriff der zweiten kosmischen Geschwindigkeit für eine Masse M. Das ist jene Geschwindigkeit, die man einem Probekörper vermitteln muß, damit er die Gravitationsanziehung der vorgegebenen Masse M überwinden und beliebig weit von dieser fortfliegen kann. (Für die Erde ist die zweite kosmische Geschwindigkeit gleich 11,2 km/s.)

Die zweite kosmische Geschwindigkeit läßt sich durch die Masse M und den Radius R des anziehenden Körpers ausdrücken,

$$v_{\mathrm{II}} = \sqrt{2\,GM/R}, \tag{13.1}$$

oder durch seine Dichte $\rho = \dfrac{M}{(4/3)\pi R^3}$,

$$v_{\mathrm{II}} = \sqrt{\frac{8}{3}\pi G\rho\, R}. \tag{13.2}$$

Je stärker das Gravitationsfeld, desto größer die zweite kosmische Geschwindigkeit. Um die Frage zu beantworten, wie stark das Gravitationsfeld und wie wesentlich die Unterschiede zwischen den Aussagen der Allgemeinen Relativitätstheorie und denen der Newtonschen Mechanik sind, ist es ausreichend, die zweite kosmische Geschwindigkeit mit der Lichtgeschwindigkeit c zu vergleichen:

$$\frac{v_{\mathrm{II}}}{c} = \frac{1}{c}\sqrt{\frac{2\,GM}{R}} = \sqrt{\frac{2\,GM}{c^2 R}}. \tag{13.3}$$

Aus (13.3) ist zu erkennen, daß die zweite kosmische Geschwindigkeit nahe der Lichtgeschwindigkeit ist, sobald R mit der Größe

$$r_{\mathrm{G}} = 2\,GM/c^2 \tag{13.4}$$

vergleichbar wird. Die Größe r_{G} wird als Gravitationsradius bezeichnet (oder als Schwarzschildradius nach dem deutschen Wissenschaftler K. Schwarzschild, der 1916 als erster diese Größe einführte).

Laplace schrieb bereits 1795: „Wenn der Durchmesser eines leuchtenden Sterns mit der gleichen Dichte wie die der Erde 250mal den der Sonne übersteigen würde, dann könnte als Folge der Anziehungskraft dieses Sterns nicht einer der von ihm ausgesandten Lichtstrahlen zu uns gelangen. Deshalb ist es nicht ausgeschlossen, daß die größten der leuchtenden Körper aus diesem Grunde unsichtbar sind." Von der Rechtmäßigkeit der Laplaceschen Aussage kann man sich leicht überzeugen, wenn man die Formel (13.2) benutzt, aus der ersichtlich ist, daß bei vorgegebener Dichte die zweite kosmische Geschwindigkeit dem Radius des Körpers proportional ist, der das Gravitationsfeld erzeugt. Der Sonnenradius ist etwa 100mal größer als der Erdradius. Folglich muß der Radius des Körpers, von dem Laplace spricht, 25 000mal den Erdradius übertreffen:

$$(11{,}2\ \mathrm{km/s}) \cdot 25\,000 = 280\,000\ \mathrm{km/s} \approx c.$$

Laplace hat also bereits 120 Jahre vor der Geburt der Allgemeinen Relativitätstheorie die von ihr vorausgesagte mögliche Existenz Schwarzer Löcher beschrieben, und zwar als Objekte, die infolge ihres ungeheuer starken Gravitationsfeldes sogar das Licht zurückhalten.

Über die Schwarzen Löcher sind viele populäre Bücher geschrieben worden. Wir empfehlen dem Leser das Buch von I. D. Nowikow „Schwarze Löcher im All" (Teubner-Verlag, Leipzig) und beschränken uns selbst auf die Beschreibung der uns bereits bekannten Effekte der Allgemeinen Relativitätstheorie (s. 8. bis 11. Kapitel). Doch diesmal betrachten wir diese Effekte nicht im schwachen Gravitationsfeld der Sonne, sondern in dem superstarken eines Schwarzen Lochs.

Wie bereits im 8. Kapitel angeführt, gehen die Uhren im Gravitationsfeld um so langsamer, je näher sie sich an dem das Feld erzeugenden Körper befinden. Eine solche Verlangsamung des Zeitflusses wird an der Rotverschiebung der Quanten deutlich erkennbar, die von einer Quelle ausgesandt wurden, die sich näher an einem anziehenden Körper befindet als der Empfänger. Wie ändert sich nun die Geschwindigkeit des Zeitflusses, wenn man sich dem Gravitationsradius eines Schwarzen Lochs nähert? Es stellt sich heraus, daß die Zeit vom Gesichtspunkt eines entfernten Beobachters in der Nähe von r_G stehenbleibt.

Stellen wir uns einmal vor, daß wir in Richtung auf ein

Schwarzes Loch ganz langsam an einer stabilen Leine eine Taschenlampe „herablassen", die Licht einer bestimmten Frequenz ω_0 ausstrahlt. Die von einem Beobachter, der vom Schwarzen Loch weiter entfernt als die Lampe ist, empfangene Frequenz ω ist dann kleiner als die Frequenz ω_0, die im Ruhsystem der Lampe gemessen wird. Bei der Annäherung der Lampe an den Ereignishorizont strebt die vom entfernten Beobachter gemessene Frequenz gegen Null, d. h., sie unterliegt einer unendlichen Rotverschiebung. Wenn man die Leine fortläßt und die Lampe frei in das Schwarze Loch fällt, dann strebt die empfangene Frequenz noch schneller gegen Null, da sich der gravitative Rotverschiebungseffekt mit dem Dopplereffekt überlagert. Letzterer sorgt ebenfalls für eine Frequenzverringerung des empfangenen Lichtes, da sich die Lampe beim Fall von uns fortbewegt.

Wie verhält es sich nun mit der Blauverschiebung, wenn sich der „Empfänger" „unterhalb" des „Senders" befindet? Um uns davon zu überzeugen, daß das Gravitationsfeld in diesem Fall „nicht mit sich spaßen läßt", stellen wir uns gedanklich die folgende phantastische Situation vor: Ein Raumschiff befindet sich sehr nahe bei einem Schwarzen Loch. Wenn in diesem Moment überstarke Motoren angestellt werden, die den Fall aufzuhalten vermögen, dann beginnt das Raumschiff möglicherweise zu verbrennen, nämlich durch das einfallende Sternenlicht! Ein beliebiges Photon, das von einem fernen Stern ankommt, wird fast unendlich blauverschoben, und folglich ist vom Standpunkt eines Beobachters in der Nähe des Schwarzen Lochs die Energie dieses Photons ebenfalls fast unendlich groß.

Wenn sich die Lampe auf einer Umlaufbahn um das Schwarze Loch bewegt, z. B. auf einer Kreisbahn, dann wird der Dopplereffekt abwechselnd den gravitativen Rotverschiebungseffekt verstärken und abschwächen. Im Ergebnis wird eine Frequenzverschiebung teils zum roten, teils zum blauen Teil des Spektrums hin zu beobachten sein. Im Prinzip kann man aufgrund der Änderungsamplitude der Frequenz schlußfolgern, daß sich die Lampe genau um ein Schwarzes Loch bewegt. Wenn sich ein Pulsar um ein Schwarzes Loch bewegen würde, dann hätten wir die wunderbare Möglichkeit, das Gravitationsfeld um ein Schwarzes Loch zu erforschen.

Die Relativität der Zeit, d. h. die Abhängigkeit der Ganggeschwindigkeit der Uhren vom Bezugssystem, wird

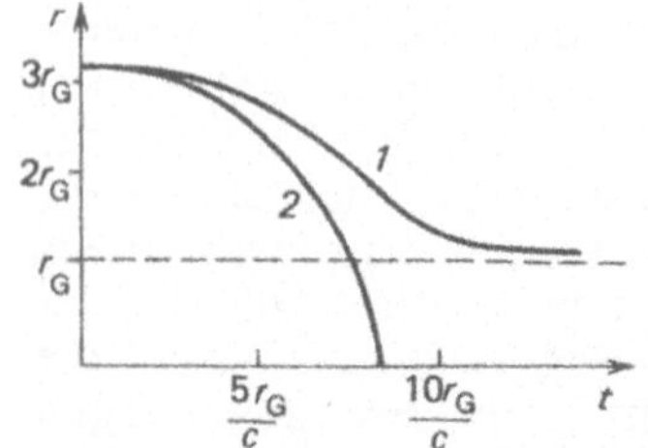

Abb. 36. Die Verlangsamung des Zeitflusses im Gravitationsfeld eines Schwarzen Lochs.
1 Zeit nach der Uhr eines ruhenden, weit entfernten Beobachters, *2* Zeit nach der Uhr des Beobachters, der frei in das Schwarze Loch fällt

in der Nähe eines Schwarzen Lochs besonders deutlich. So erreicht vom Standpunkt eines entfernten Beobachters ein Stein, der frei in ein Schwarzes Loch fällt, den Gravitationsradius nur nach unendlich langer Zeit, während nach den Uhren des mitbewegten Beobachters (der mit dem Stein fällt) ein endlich langer Zeitabschnitt vergeht, bis dieser Beobachter den Ereignishorizont erreicht (Abb. 36).

Im 9. Kapitel haben wir uns die Krümmung eines Lichtstrahls im Gravitationsfeld veranschaulicht. Es ist offensichtlich, daß ein Schwarzes Loch einen Lichtstrahl um so stärker krümmt, je näher dieser Lichtstrahl am Gravitationsradius vorbeigeht (s. Formel (9.1)). Wenn schließlich der Lichtstrahl in einer Entfernung von 1,5 r_G ein Schwarzes Loch passiert, wird er auf eine Kreisbahn gezwungen (Abb. 37). Unter bestimmten Bedingungen können sich um Schwarze Löcher sogar eigenartige Aureolen aus Photonen bilden, die sich auf Kreisbahnen bewegen. (Seinerzeit wurde vorgeschlagen, Schwarze Löcher aufgrund solcher Aureolen zu suchen. Abschätzungen zeigen freilich, daß die Erfolgschancen dafür recht klein sind.) Geschlossene Lichtbahnen sind nicht stabil: Wenn der Lichtstrahl nur ein wenig zu den größeren Abständen hin abweicht, macht er noch einige Umläufe um das Schwarze Loch und entweicht ins Unendliche. Bei kleinen Abweichungen in Richtung kleinerer Radien fällt der Lichtstrahl entlang einer Spirale in das Schwarze Loch hinein.

Ungewöhnlich ist auch die Himmelsmechanik von Probekörpern in der Nähe eines Schwarzen Lochs. So ist es möglich, daß das Periastron einer elliptischen Bahn, die genügend dicht an einem Schwarzen Loch vorbeiführt, während eines Umlaufs um einen sehr großen Winkel verschoben wird (vgl. 10. Kapitel). Körper, die praktisch aus dem Unendlichen heranfliegen, z. B. Kometen, führen möglicherweise mehrere Umrundungen auf einem Radius

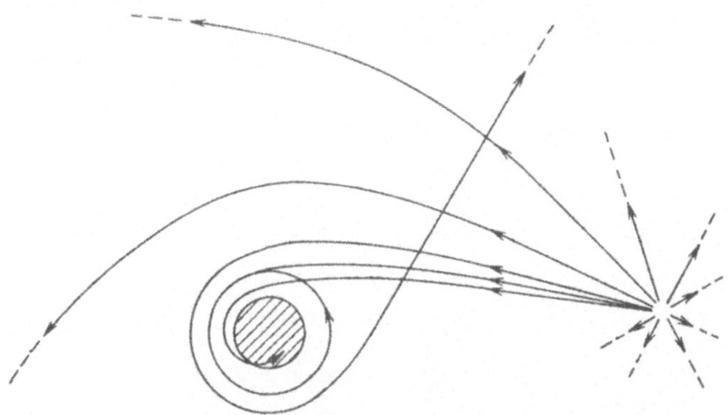

Abb. 37. Die Krümmung der Lichtstrahlen im Gravitationsfeld eines Schwarzen Lochs

von etwa $2\,r_G$ aus, bevor sie wieder ins Unendliche davonfliegen (Abb. 38). Wenn die Bahn eines Körpers noch näher an einem Schwarzen Loch vorbeiführt, dann fällt der Körper unwiderruflich in das Schwarze Loch hinein.

Die Himmelsmechanik in der Nähe eines Schwarzen Lochs wird noch komplizierter, wenn man die Gravitationsstrahlung berücksichtigt, die einen Teil der Energie der Umlaufbewegung abführt. So kann ein Körper, der sich dem Schwarzen Loch auf einer hyperbolischen Bahn nähert, so viel Energie in Form von Gravitationsstrahlung verlieren, daß er auf eine elliptische Bahn übergeht. Diese elliptische Bahn wird sodann zu einer Kreisbahn mit einem gewissen kritischen Wert des Radius von $3\,r_G$. Bei kleineren Radien können Kreisbahnen nicht mehr existieren, und der Körper wird schnell in das Schwarze Loch hineingerissen, wobei er einen letzten Gravitationsstrahlungsimpuls in den Raum abgibt. Die Rolle der Gravitationsstrahlung wächst proportional mit dem Verhältnis der Masse m des Probekörpers zur Masse M des Schwarzen Lochs. Deshalb kann man nur im Fall sehr kleiner Massenverhältnisse m/M von den Energieverlusten durch die Gravitationsstrahlung absehen.

Bisher haben wir uns mit den Eigenschaften nichtrotierender Schwarzer Löcher beschäftigt. Vorgreifend sei hier angemerkt, daß Schwarze Löcher aus Sternen entstehen können. Sterne besitzen aber einen Drehimpuls. Deshalb ist es ziemlich wahrscheinlich, daß die Schwarzen Löcher, die sich aus rotierenden Sternen bilden, ebenfalls

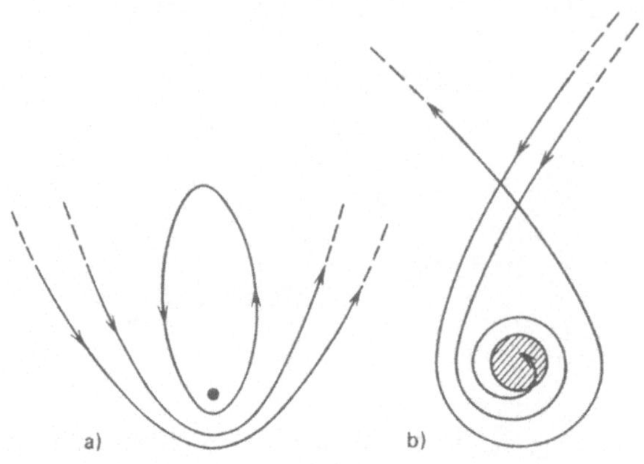

Abb. 38. Die Himmelsmechanik in der Nähe eines Schwarzen Lochs. a) Die Bewegung von Probekörpern gemäß Newton (zum Vergleich); b) die Bewegung von Probekörpern nach Einstein

rotieren werden. In diesem Fall muß sich um das Schwarze Loch ein wirbelähnliches Gravitationsfeld ausbilden. Mit anderen Worten, die Rotation eines Schwarzen Lochs äußert sich ebenso wie die Rotation eines beliebigen anderen Körpers durch die Mitnahme der lokalen Inertialsysteme (Bezugssysteme), d. h., sie führt zur Rotation der Raum-Zeit in der Nähe eines Schwarzen Lochs (vgl. 11. Kapitel).

Es existiert ein Gebiet, außerhalb dessen die Lichtausbreitung und die Bewegung von Probekörpern sowohl in Rotationsrichtung des Schwarzen Lochs als auch in entgegengesetzter Richtung möglich ist. Innerhalb dieses Gebietes wird jedoch die Mitnahme der Raum-Zeit so stark, daß sich kein Körper mehr in Ruhe befinden kann und in jedem Fall in Rotationsrichtung des Schwarzen Lochs mitgerissen wird. Der Rand dieses Gebietes wird als Stationaritätsgrenze bezeichnet. Im Unterschied zu den nichtrotierenden Schwarzen Löchern bedeutet hier die Unmöglichkeit des Ruhezustandes durchaus nicht, daß Körper oder Licht unwiderruflich in das Schwarze Loch fallen müssen. Es bedeutet vielmehr nur, daß der vom Gravitationswirbel eingefangene Körper um das Schwarze Loch kreisen muß.

Bei weiterer Annäherung an das Schwarze Loch muß jedoch jeder Körper ohne Ausnahme in das Schwarze Loch fallen. In diesem Fall haben wir es wieder mit dem uns

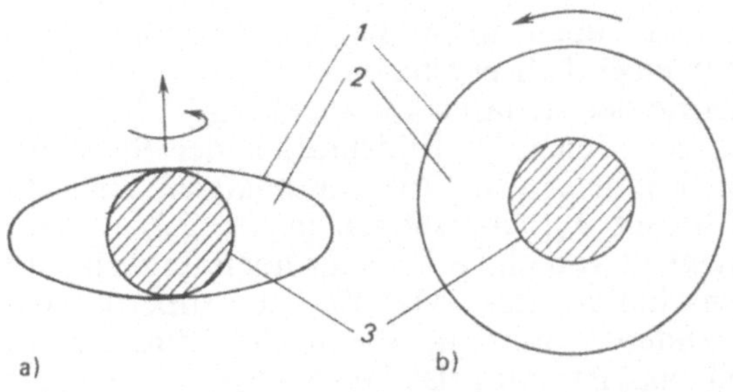

Abb. 39. Ein rotierendes Schwarzes Loch.
a) seitliche Ansicht, b) Draufsicht (Äquatorebene); *1* Stationaritätsgrenze, *2* Ergosphäre, *3* Ereignishorizont

bereits bekannten Ereignishorizont zu tun. In Abb. 39 ist ein rotierendes Schwarzes Loch in der Draufsicht und in seitlicher Ansicht dargestellt. Man kann erkennen, daß am Pol der Ereignishorizont und die Stationaritätsgrenze übereinstimmen. Das Gebiet, das von Ereignishorizont und Stationaritätsgrenze eingeschlossen wird, bezeichnet man als Ergosphäre, was von dem griechischen Wort Ergos ≙ Energie abgeleitet ist. Der Grund, weshalb dieses Gebiet einen solchen Namen erhielt, ist mit einer erstaunlichen Eigenschaft der rotierenden Schwarzen Löcher verknüpft: Es zeigt sich, daß es möglich ist, aus ihnen Energie zu schöpfen. Auf den ersten Blick scheint dies höchst paradox zu sein. Ein Schwarzes Loch – das ist doch gerade ein Gebiet, aus dem weder Materie noch Licht, noch Energie hinausgelangen können. Das ist auch zweifellos richtig. Doch ein Teil der Energie des Schwarzen Lochs, und zwar die Rotationsenergie, ist nicht in seinem Innern gebunden, sondern im wirbelartigen Gravitationsfeld, d. h., sie ist außerhalb des Ereignishorizontes lokalisiert. Der englische Theoretiker R. Penrose hat sich sogar eine Möglichkeit ausgedacht, wie Energie aus einem derartigen Schwarzen Loch geschöpft werden könnte. Wer weiß, möglicherweise wird die Energiewirtschaft der fernen Zukunft auf die Schwarzen Löcher nicht verzichten können. Doch dies gehört wohl eher ins Reich der Science-fiction-Literatur.

Damit beenden wir die Beschreibung der Eigenschaften von Schwarzen Löchern. Diejenigen Leser, die sich mit der Physik der Schwarzen Löcher intensiver beschäftigen möchten, verweisen wir auf die oben angeführte Literatur.

Nun wollen wir noch kurz darüber berichten, wie Schwarze Löcher eigentlich entstehen.

Aus der Theorie der stellaren Entwicklung ist bekannt, daß sich Schwarze Löcher im Endstadium der Sternentwicklung bilden können, wenn die Sternmassen eine gewisse kritische Masse m_{kr} übersteigen ($m_{kr} \approx 2\, M_\odot$ oder mehr in Abhängigkeit von einigen bisher noch ungenügend geklärten Eigenschaften der Materie im superdichten Zustand). Mit anderen Worten: Wenn die Masse eines Sterns größer als m_{kr} ist, dann ist keine Druckkraft mehr imstande, die Kompression des Sterns aufzuhalten, bis der Radius des Sterns von der Größe seines Gravitationsradius ist, und dann ist es prinzipiell nicht mehr möglich, der Gravitation entgegenzuwirken. Unter den Sternen sind viele, deren Masse von vornherein ein Vielfaches des kritischen Wertes beträgt. Die einzige Möglichkeit dieser Sterne, dem Schicksal, als Schwarzes Loch zu enden, zu entgehen, ist, sich irgendwie „herauszumogeln", indem sie rechtzeitig die überkritische Masse abwerfen und im Ergebnis eines solchen Prozesses zu einem Weißen Zwerg oder Neutronenstern werden. Zweifellos gelingt dies auch einigen Sternen. Wie jedoch der sowjetische Astrophysiker I. S. Schklowski in seinem Buch „Geburt und Tod der Sterne" (Leipzig: Urania-Verlag 1988) bemerkt, ist es schwer vorstellbar, daß jeder Stern „genau weiß", wieviel seiner Masse er verlieren muß, um einer katastrophalen Kontraktion zu entgehen. Man kann sogar grob abschätzen, wie viele Schwarze Löcher in unserer Galaxis existieren müssen.

Möglicherweise gibt es allein in unserer Galaxis etwa 1 Mrd. Schwarzer Löcher, die als Überbleibsel der stellaren Entwicklung, d. h. als tote Sterne, existieren. Damit gleichen sie „Gräbern" untergegangener, erloschener Sterne. Auf Schwarze Löcher nichtstellaren Ursprungs werden wir etwas später zurückkommen.

„Wie kann man sie nun aber beobachten?" wird der aufmerksame Leser fragen, der sich erinnert, daß Schwarze Löcher nichts, aber auch gar nichts abstrahlen. Außerdem sind ihre Durchmesser so klein, und sie sind so weit von uns entfernt, daß es nicht einmal lohnt, sie in Form von schwarzen Flecken am Himmel zu suchen, die frei von allen Sternen sind. Die Lichtablenkung an Schwarzen Löchern erscheint ebenfalls wenig aussichtsreich, um aufgrund dieses Effektes zwischen der Existenz eines Schwarzen Lochs und der eines Sterns gleicher Masse unterscheiden zu können. Dazu müßte der Lichtstrahl schon sehr nahe am Schwarzen Loch vorbeigehen. Das erfordert eine derart spezielle gegenseitige Lage von Lichtquelle, Schwarzem Loch und Beobachter, daß hier nur auf einen günstigen Zufall gehofft werden kann. Daraufhin eine geeignete Versuchsapparatur auszurichten wäre allerdings völlig sinnlos.

Wir wollen einmal ganz nüchtern überlegen: Das einzige, was beim Schwarzen Loch beobachtbar ist, das ist sein Gravitationsfeld. Wenn sich aus irgendeinem Grunde das Gravitationsfeld um ein Schwarzes Loch verändern würde (z. B. in dieses Loch ein Stern oder ein anderes Schwarzes Loch fallen würde), dann breitet sich im Raum eine „Krümmungswelle" aus, also eine Gravitationswelle. Nun entsteht, wie wir bereits im 12. Kapitel angemerkt haben, gerade erst die Grundlage einer Gravitationswellenastronomie, wie sie möglicherweise in Zukunft zur Hauptinformationsquelle über die Schwarzen Löcher wird. Doch auch die Gravitationswellen selbst sind bisher noch nicht direkt nachgewiesen worden. Zum anderen möchte man Schwarze Löcher natürlich auf irgendeinem Wege unabhängig entdecken.

Alles, was von einem Schwarzen Loch in der Außenwelt übrigbleibt, ist sein Gravitationsfeld. Das Gravitationsfeld jedoch wirkt auf die Umgebung des Schwarzen Lochs, sei es nun auf Gas, Staub oder benachbarte Sterne. Verweilen wir zunächst bei der letzten Möglichkeit. Nehmen wir einmal an, in einem Doppelsternsystem ist die eine Komponente ein gewöhnlicher Stern und die andere ein Schwarzes Loch. Durch die Beobachtung der sichtbaren Sternkomponente können wir im Prinzip die Masse der unsichtbaren Komponente bestimmen, von der wir nichts wissen, sondern nur vermuten können, daß es sich möglicherweise um ein Schwarzes Loch handelt. Wenn sich nun herausstellt, daß die Masse der unsichtbaren Komponente um vieles größer als eine Sonnenmasse ist, d. h. größer als m_{kr}, dann könnte dies als fast perfekter Beweis dafür dienen, daß die unsichtbare Komponente tatsächlich ein Schwarzes Loch ist. In der Tat können weder ein Weißer Zwerg noch ein Neutronenstern solch große Masse besitzen. Ein gewöhnlicher Stern ist dagegen desto heller, je massereicher er ist. Einen solchen würden wir also unbedingt wahrnehmen können.

Ein solches Suchprogramm ist zum ersten Mal von den sowjetischen Astrophysikern Ja. Seldowitsch und O. Gussejnow vorgeschlagen worden. Doch die Analyse vieler Doppelsternsysteme mit unsichtbaren Begleitern hat gezeigt, daß durchweg bei allen untersuchten Fällen die Unsichtbarkeit der einen Komponente erklärt werden konnte, ohne die Konzeption eines Schwarzen Lochs hinzuziehen zu müssen. Die „Unsichtbarkeit" hängt z. B. auch damit zusammen, daß der hellere sichtbare Stern den weniger hellen Nachbarn verdeckt hat. Zudem stößt dieses Programm trotz seiner scheinbaren Einfachheit auf außerordentliche Schwierigkeiten bei der Massenbestimmung der beiden Komponenten des Doppelsterns: Man muß die Entfernung des Doppelsterns exakt wissen, aber leider ist die Unsicherheit bei der Entfernungsbestimmung sehr groß.

Die Suche nach Schwarzen Löchern verlief etwas anders. Als Sonde, die geeignet ist, die Existenz eines Schwarzen Lochs anzuzeigen, wurde das interstellare Gas benutzt. Unter Einwirkung des Gravitationsfeldes fällt das Gas auf das Schwarze Loch. Dieser Prozeß wird von den Astrophysikern als Akkretion bezeichnet. Es erhitzt sich dabei und strahlt Energie ab. Der sowjetische Astrophysiker W. F. Schwarzman hat vorgeschlagen, Schwarze Löcher zu suchen, die Gas des interstellaren Mediums aufsammeln. Vom Gas wird ein Magnetfeld mitgeführt. Beim Einfallen in ein Schwarzes Loch wächst das Magnetfeld, und es entsteht Turbulenz, deren Energie sich in Wärme umwandelt und nach außen abgestrahlt wird. Die Suche in dieser Richtung wird fortgesetzt und scheint nicht hoffnungslos zu sein.

Wo soll man Schwarze Löcher suchen? Gegenwärtig hat sich eine Art Synthese beider oben beschriebener Ansätze ereignet. Offensichtlich bestehen die größten Chancen, ein Schwarzes Loch in den Doppelsternsystemen aufgrund der Strahlung von einfallendem Gas zu finden.

Durch die Theorie der Sternentwicklung in engen Doppelsternsystemen wurde eine äußerst interessante Erscheinung entdeckt, die die Sternentwicklung in diesen Systemen grundsätzlich von der Entwicklung der Einzelsterne unterscheidet. Beträchtliche Materiemassen können von einem Stern auf den anderen überfließen. Jener massereiche Stern, der sich in ein Schwarzes Loch verwandelt hat, mußte „vor seinem Tode" einen Teil seiner

Masse an seinen Begleiter übergeben haben, an den massearmeren Stern. Infolge dieser Massenumverteilung verläuft die Entwicklung des sichtbaren Sterns, der nun mehr Masse besitzt, schneller, und bald schwillt er an und verwandelt sich in einen Riesenstern. Die Materie beginnt nun, in umgekehrter Richtung zu fließen, von dem Riesen weg, dem es nicht möglich ist, seine äußere Hülle vor dem Einfluß der kompakten Komponente (die nicht unbedingt ein Schwarzes Loch, sondern auch ein Neutronenstern sein kann) zu schützen. Die Geschwindigkeit der Akkretion übersteigt in diesem Fall um ein Vielfaches die Geschwindigkeit der Akkretion auf ein isoliertes Schwarzes Loch inmitten des interstellaren Gases.

Die Hauptsache ist jedoch, daß das Gas nicht sofort auf das Schwarze Loch fallen kann. Wegen der Umlaufbewegung besitzt es relativ zum Schwarzen Loch Drehimpuls. Während es ungeheuer schnell um das Schwarze Loch kreist, sinkt es langsam herab und geht kontinuierlich von einer Kreisbahn auf die nächste, dem Schwarzen Loch näher gelegene über. Um das Schwarze Loch bildet sich eine Scheibe aus (Abb. 40). Eine derartige Bewegung des Gases unterscheidet sich günstig von dem Fall eines fast radialen Sturzes auf isolierte Schwarze Löcher. Dort verläuft der Einfall so schnell, daß sich das Gas nicht genügend erhitzen kann, bevor es das Schwarze Loch erreicht, und damit kann es auch nicht eine hinreichende Rate an Wärmeenergie abstrahlen. Dies ist dagegen im Fall der Scheibenakkretion möglich. Die Theorie der Scheibenakkretion ist ausführlich von den sowjetischen Astrophysikern R. A. Sjunjajew, N. I. Schakura, I. D. Nowikow u. a. ausgearbeitet worden. Das Gas erhitzt sich dabei auf Temperaturen von einigen Millionen Kelvin und ist deshalb eine mächtige Quelle für Röntgenstrahlung.

Die Suche nach Schwarzen Löchern unter den Röntgenquellen erwies sich nicht als ergebnislos. In dem Doppelsternsystem, zu dem der Stern HDE 226 368 gehört, ist mit Hilfe des amerikanischen Röntgensatelliten „Uhuru" 1972 eine Röntgenquelle entdeckt worden, die die Bezeichnung Cygnus X–1 erhielt. Das im optischen Wellenlängenbereich unsichtbare kompakte Objekt, in dessen Nähe die Röntgenstrahlung entsteht, besitzt eine Masse von etwa $10\,M_\odot$ und ist möglicherweise ein Schwarzes Loch. Einige Wissenschaftler sind in bezug auf diese Aussage recht skeptisch. Um dies zu begründen, sind sie

10–642

Abb. 40. Ein Schwarzes Loch in einem Doppelsternsystem.
1 Schwarzes Loch, *2* normaler Stern, der Masse verliert, *3* Scheibe um das Schwarze Loch, die sich aus der überfließenden Materie ausbildet

aber genötigt, bereits zum gegenwärtigen Zeitpunkt recht komplizierte Modelle eines Dreifachsystems (d. h. kein Doppelsternsystem mehr) heranzuziehen. Außer der Masse existiert noch ein weiteres, unabhängiges Argument zugunsten der Schwarze-Loch-Hypothese bei Cygnus X–1. Zusätzlich ist nämlich noch eine schnelle, chaotische Veränderlichkeit der Röntgenstrahlung dieser Quelle entdeckt worden (Abb. 41). Gerade diese chaotische Veränderlichkeit stimmt gut mit der Vorstellung von einem Schwarzen Loch überein, in dessen Nähe keine Mechanismen für die Entstehung einer regulären, periodischen Veränderlichkeit, wie dies in der Nähe von Neutronensternen der Fall ist, zu erwarten sind. Die schnelle Veränderlichkeit deutet auf eine ungewöhnliche Kompaktheit des Objektes hin.

Damit ist es also sehr wahrscheinlich, daß mit der Röntgenquelle Cygnus X–1 ein Schwarzes Loch entdeckt worden ist. Unter den Röntgenquellen, die gegenwärtig bekannt sind, gibt es noch einige weitere Kandidaten für Schwarze Löcher.

Wenn man über das Problem spricht, Schwarze Löcher zu finden, darf man nicht vergessen, daß sich die heutige

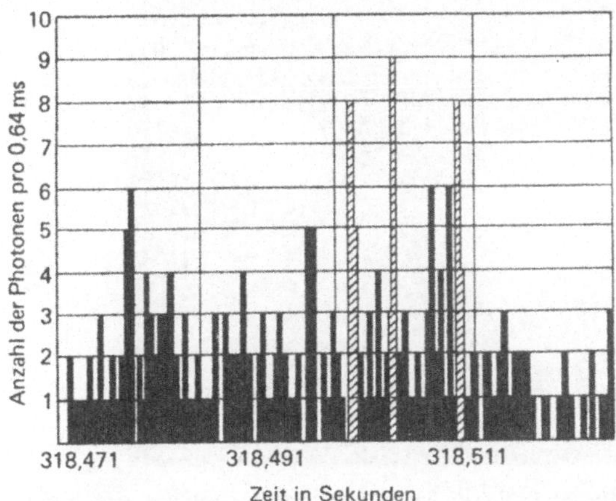

Abb. 41. Röntgenstrahlung der Quelle Cygnus X–1.
Die dunklen Signale sind Rauschen, die hellen echte Signale von Röntgenstrahlung

Astrophysik nicht darauf beschränkt, Schwarze Löcher mit Sternmassen zu suchen, die durch die stellare Entwicklung entstanden sind. In letzter Zeit wird die Hypothese immer interessanter, daß supermassive Schwarze Löcher existieren, die in den Zentren von dichten Sternsystemen lokalisiert sind, wie etwa in Kugelsternhaufen oder Kernen von Galaxien und Quasaren. Die Hoffnung, Beobachtungshinweise auf die Existenz von Schwarzen Löchern in den erwähnten Sternsystemen zu erhalten, entbehrt durchaus nicht jeder Grundlage.

Die Theorie sagt voraus, daß ein supermassives Schwarzes Loch zu einer Umverteilung der Sterne führen muß, so daß sich im Zentrum ein scharfes Maximum der Sterndichte ausbildet. In Abb. 42 ist der Kern der Galaxie M 87 dargestellt. Wie die Spektralanalyse der Sternstrahlung in dieser Galaxie gezeigt hat, weist die Verteilung von Dichte und Geschwindigkeit der Sterne in der Nähe des Zentrums darauf hin, daß sich dort ein fast dunkles Objekt mit einem Durchmesser von nur 300 Lichtjahren befindet, das jedoch eine Masse von etwa 6,5 Mrd. Sonnenmassen besitzt. Der Gravitationsradius eines Körpers dieser Masse beträgt etwa 0,02 Lichtjahre. Deshalb kann sich innerhalb des Radius von 300 Lichtjahren ein anderer kompakter Körper befinden, der nicht unbedingt ein

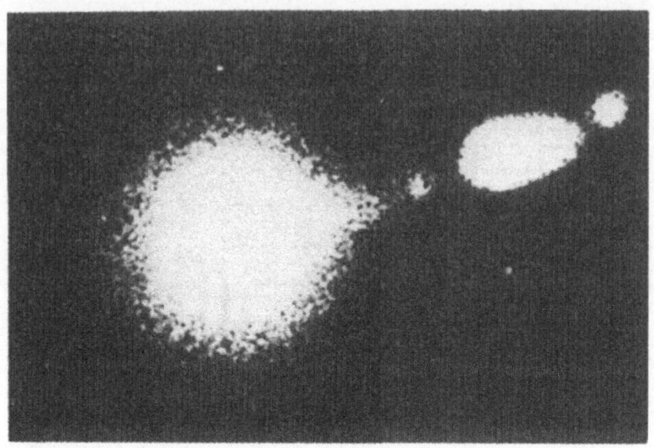

Abb. 42. Die elliptische Galaxie M 87, in deren Zentrum sich möglicherweise ein Schwarzes Loch befindet

Schwarzes Loch ist. Dennoch muß man annehmen, daß die Beobachtungen bezüglich M 87 ein gewichtiges Argument zugunsten der „Schwarze-Loch-Hypothese" liefern. Außerdem werden durch die äußerst großen Gezeitenkräfte im Gravitationsfeld eines Schwarzen Lochs die sich ihm nähernden Sterne förmlich auseinandergerissen. Als Folge davon existiert in der Nähe eines solchen Schwarzen Lochs viel Gas, das beim Einfallen eine Scheibe entstehen läßt, die jener gleicht, die sich bei Doppelsternen ausbilden kann. In dem hier betrachteten Fall ist sie jedoch wesentlich massereicher und möglicherweise weniger heiß.

Ein ähnliches Bild wird von einigen Wissenschaftlern für die Erklärung der Quasare herangezogen. Gegenwärtig gibt es keinen Mangel an guten Theorien, die die Prozesse in den Galaxienkernen und Quasaren erklären. Doch ist es bisher schwer, einer von ihnen den Vorrang zu geben. Es läßt sich nur sagen, daß unter den Favoriten in diesem Hypothesenwettbewerb das Konzept der Schwarzen Löcher gegenwärtig einen der ersten Plätze einnimmt. Warten wir das Ende ab.

Die Fülle der Beobachtungsdaten aus allen Bereichen des elektromagnetischen Spektrums, vom Radio- bis zum Gammabereich, bringt uns mit jedem Tag der Lösung des Rätsels um die Quasare und die Galaxienkerne näher. So hat die Entdeckung einer veränderlichen Gamma-Linie im Zentrum unserer eigenen Galaxis sowie eine ganze Reihe von Infrarot- und Röntgenbeobachtungen den sowjetischen Astrophysiker N. S. Kardaschow und seine Mitarbeiter dazu inspiriert, die Hypothese von der sog. Gamma-Kanone zu entwickeln. Diese enthält als eines der wichtigsten „Bauelemente“ ein supermassives Schwarzes Loch. Außerdem wurde die Vermutung über ein Doppelsystem Schwarzer Löcher, das sich im Zentrum unserer Galaxis befindet, diskutiert.

Wir kehren zu den Schwarzen Löchern noch einmal im 14. Kapitel zurück, wo es um die primordialen Schwarzen Löcher geht.

Wir sehen also, daß das Problem, Schwarze Löcher zu entdecken, nicht nur für die theoretische, sondern auch für die beobachtende Astrophysik aktuell ist.

14. Die Gravitation am Rande der Metagalaxis

Zu Beginn der 20er Jahre unseres Jahrhunderts hat A. A. Friedmann unter Benutzung der Einsteinschen Gleichungen ein mathematisches Modell geschaffen, das das Verhalten der Materie und der Geometrie des Universums im ganzen beschreibt. Friedmann erhielt ein völlig unerwartetes Ergebnis: Gemäß der Allgemeinen Relativitätstheorie kann das Universum nicht stationär existieren; es muß entweder kontrahieren oder expandieren.

In jener Zeit hatte die Vorstellung von einem unveränderlichen Kosmos im ganzen die Köpfe der Menschen so vollkommen erobert, daß selbst Einstein nicht sofort mit den Schlußfolgerungen Friedmanns einverstanden war.

Wenig später konnte der amerikanische Astronom E. Hubble beweisen, daß sich das Universum tatsächlich ausdehnt, und die theoretische Voraussage Friedmanns erfuhr ihre glänzende Bestätigung durch die Beobachtung! Hubble (und noch früher V. Slipher) entdeckte Rotverschiebungen in den Spektrallinien der Galaxienspektren und schrieb dies völlig richtig dem Dopplereffekt zu. Somit

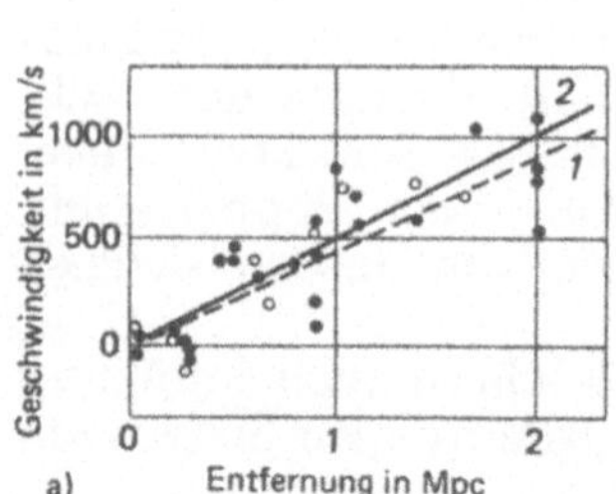

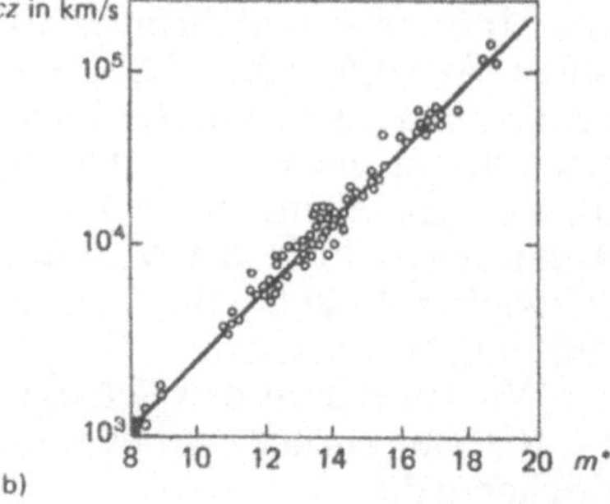

Abb. 43. Das Hubblegesetz.
a) Die Abhängigkeit der Radialgeschwindigkeit von der Entfernung nach Hubble: *1* nach den Daten von 1929, *2* nach den Daten von 1936.
b) Die Abhängigkeit der Rotverschiebung z von der scheinbaren Helligkeit m^* für entfernte Galaxien nach einer Arbeit von Sandage 1972. Je größer m^*, desto weiter entfernt die Galaxie. Das Rechteck im Koordinatenursprung kennzeichnet die Daten, über die Hubble verfügte

konnte er mit hoher Genauigkeit die Geschwindigkeiten bestimmen, mit denen sich die Galaxien voneinander fortbewegen. Nachdem er die Entfernungen zu den Galaxien bestimmt hatte, konnte Hubble zeigen, daß die Relativgeschwindigkeiten der Galaxien ihren relativen Abständen proportional sind. Eben dieses Gesetz, das sog. Hubblegesetz (Abb. 43), bestätigt das Friedmannsche Modell.

Im Jahre 1963 sind die Quasare entdeckt worden, außerordentlich leistungsstarke, kompakte Strahlungsquellen. Gegenwärtig sind einige tausend Quasare bekannt. Die charakteristische Eigenschaft dieser Objekte ist die enorme Rotverschiebung in ihren Spektren, die darauf hinweist, daß sich die Quasare mit Geschwindigkeiten von uns fortbewegen, die vergleichbar mit der Lichtgeschwindigkeit sind (Abb. 44). Nur das Modell eines expandierenden Universums ist in der Lage, den erstaunlichen Umstand zu erklären, daß sich Objekte mit Massen, die milliardenmal größer als die Sonnenmasse sind, fast mit Lichtgeschwindigkeit von uns weg bewegen. Das liegt daran, daß diese Objekte sehr weit von uns entfernt sind, und je weiter ein Objekt entfernt ist, desto größer ist nach dem Hubblegesetz seine Fluchtgeschwindigkeit. Freilich werden Versuche unternommen, die großen Rotverschiebungen der Quasare auf anderem Wege zu erklären. So äußerte

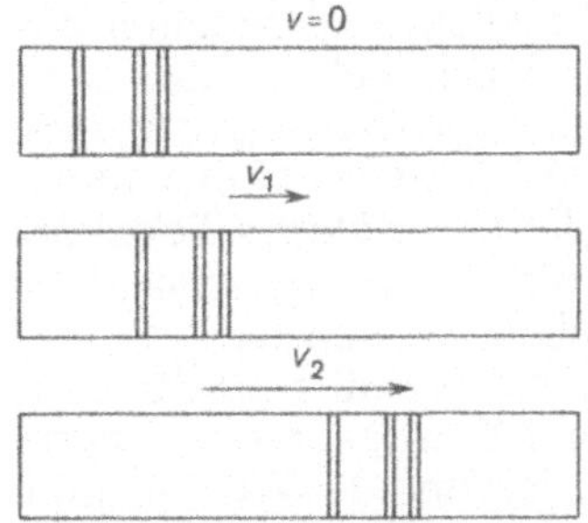

Abb. 44. Die Rotverschiebung in den Spektren von Galaxien und Quasaren.
In der Abbildung ist schematisch das System bekannter Spektrallinien angegeben. Je größer die Fluchtgeschwindigkeit eines Objektes, desto stärker werden die Linien in den langwelligen (roten) Bereich des Spektrums verschoben. Dabei bleibt die Anordnung dieser Linien unverändert ($v_2 > v_1$)

G. Burbidge die Hypothese, daß die Rotverschiebung in den Quasarspektren nichts mit dem Dopplereffekt zu tun hat, sondern den gleichen Ursprung hat wie die Rotverschiebung der Frequenzen im Gravitationsfeld (darauf wurde im 8. Kapitel eingegangen). Dazu müssen aber die Gravitationsfelder riesig groß sein. Die Annahme einer gravitativ bedingten Rotverschiebung widerspricht einer ganzen Reihe von Beobachtungen. Heute bezweifeln nur wenige Wissenschaftler den kosmologischen Ursprung der Rotverschiebung. Der Betrag der Rotverschiebung wird zur Bestimmung von Alter und Entfernung der Quasare benutzt.

Die Entfernung bis zum weitesten Quasar erreicht etwa 17 Mrd. Lichtjahre. Die Strahlung der Quasare, die heute im Radio-, Infrarot-, Ultraviolett-, Röntgen- und optischen Bereich empfangen wird, wurde von ihnen ausgesandt, als das Universum noch ganz jung war, um vieles jünger als heute.

Indem wir die Quasare erforschen, versuchen wir vor allem anderen zu ergründen, was aus ihnen heute geworden ist: möglicherweise sind sie erloschen und zu einsamen Schwarzen Löchern geworden, oder sie haben sich nur „beruhigt“ und verstecken sich in den Kernen von Galaxien. Ist vielleicht die Aktivität der Galaxienkerne ein schwacher Widerhall ihrer stürmischen „Quasarjugend“? Das sind noch längst nicht alle Fragen, die vor den

Erforschern der Quasare stehen. In jedem Fall bedeutet die Beobachtung der Quasare einen Rückblick in die Vergangenheit, und wir berühren dabei die verborgenen Geheimnisse der physikalischen Entwicklung des Universums. In diesem Sinne ist ein modernes, leistungsfähiges Teleskop mit einer Zeitmaschine vergleichbar, wie sie von dem Schriftsteller H. G. Wells beschrieben worden ist.

Die Theorie des expandierenden Weltalls erfuhr eine weitere Bestätigung, als 1965 die Mitarbeiter der amerikanischen Bell-Company, A. Penzias und R. Wilson, und im weiteren amerikanische Astronomen unter der Leitung von R. Dicke eine Radiostrahlung entdeckten, die aus allen Richtungen des Kosmos mit gleicher Intensität einfällt. Das Spektrum dieser rätselhaften Hintergrundstrahlung ist von der Art, wie es von einem schwarzen Körper, der auf 3 K „erhitzt" worden ist, ausgestrahlt werden würde! Ungeachtet dessen, daß diese Strahlung durchaus als „kalt" zu bezeichnen ist, erkannten die Kosmologen sofort ihren Ursprung: Es handelt sich um nichts anderes als die Reliktstrahlung, die vor langer, langer Zeit von der heißen Materie des Kosmos, als weder Galaxien und Sterne noch die ältesten Quasare existierten, ausgestrahlt worden ist.

Während der kosmischen Expansion hat sich die Strahlung abgekühlt, und obwohl ihre Temperatur ehemals mehrere Milliarden Kelvin betrug, ist sie bis zur Gegenwart auf die belanglose Temperatur von etwa 3 K abgekühlt, so daß das Intensitätsmaximum dem Millimeterwellenlängenbereich entspricht.

Dieses Szenarium der Expansion und Abkühlung einer frühen, sehr heiß gewesenen Materie und Strahlung erhielt die Bezeichnung „Theorie des heißen Universums". Als Hypothese wurde sie bereits in den 40er Jahren von dem amerikanischen Physiker G. Gamow vermutet. Kurze Zeit vor ihrer tatsächlichen Entdeckung wiesen auch die sowjetischen Astrophysiker A. G. Doroschkewitsch und I. D. Nowikow auf die Möglichkeit eines Nachweises hin.

Damit ist die Reliktstrahlung ein Zeuge für ein noch früheres Evolutionsstadium des Universums als die Quasare, die die ältesten kosmischen Objekte sind. Anders gesagt, die Hintergrundstrahlung stellt ein „Beobachtungsinstrument" bei der Erforschung der Eigenschaften des frühen Kosmos dar. Sie spielt eine fundamentale Rolle in der modernen Kosmologie. Penzias und Wilson, die sie entdeckten, erhielten den Nobelpreis.

Diese Strahlung trägt den Abdruck jener Ereignisse in sich, die im Universum stattfanden, bevor sich die sichtbare Struktur herausgebildet hatte. Insbesondere müssen die Anfangsstörungen von Dichte und Gravitationsfeld, aus denen sich im weiteren durch gravitative Instabilität die Galaxienhaufen und die Galaxien selbst gebildet haben, ihre Spuren im Spektrum und in der Winkelverteilung der Hintergrundstrahlung hinterlassen haben. Deshalb ist die Suche nach solchen Spuren für die Überprüfung unserer theoretischen Vorstellungen über die Herkunft der beobachteten Struktur des Universums äußerst wichtig. Beobachtungen, die die Abweichungen der Winkelverteilung der Hintergrundstrahlung betreffen, werden an vielen Radioteleskopen in der UdSSR und in anderen Staaten durchgeführt.

Es existiert noch eine weitere Informationsquelle über das frühe Universum. Das ist das Verhältnis zwischen der kosmischen Häufigkeit der leichten Elemente Wasserstoff und Helium. Es stellt sich heraus, daß die über das Universum gemittelten Konzentrationen von Wasserstoff, Helium und dem Wasserstoffisotop Deuterium wesentlich davon abhängen, mit welcher Geschwindigkeit die Expansion des Kosmos während der ersten Sekunden und Minuten seiner Existenz stattgefunden hat. Der Vergleich der beobachteten mittleren Konzentrationen von Wasserstoff, Helium und Deuterium mit den Vorhersagen verschiedener kosmologischer Modelle (darunter auch nichtfriedmannscher) ermöglichte es, viele dieser Modelle auszusondern.

Die Entwicklung der Elementarteilchenphysik gestattet es, theoretisch noch weiter zurück in noch frühere Entwicklungsstadien zu „schauen". Auf der Grundlage der Elementarteilchenphysik und tiefergehender Vorstellungen über die Eigenschaften des physikalischen Vakuums gelang es, ein Entwicklungsszenarium des Universums von dem Moment ab, als sein Alter etwa 10^{-40} s betrug, zu erarbeiten. Dabei haben sich Wege gezeigt, die Antworten auf einige Hauptprobleme der Kosmologie zu finden. Warum ist der durch uns beobachtbare Kosmos über große Maßstäbe so homogen, und warum sind seine Eigenschaften unabhängig von der Beobachtungsrichtung (Isotropie des Kosmos)? Warum entfallen auf jedes Baryon im Kosmos etwa 1 Mrd. Photonen der Hintergrundstrahlung? Was war der Ursprung für die Anfangsstörungen von

Dichte und Gravitationsfeld, aus denen sich die sichtbare Struktur des Universums gebildet hat: die Superhaufen und Haufen von Galaxien, die Galaxien selbst und die Sterne? Das Vordringen zu noch früheren Augenblicken des Kosmos erfordert eine grundlegende Änderung unserer Vorstellungen von Raum und Zeit! Noch steht die Aufgabe vor uns, eine Quantentheorie des Gravitationsfeldes zu schaffen. Heute sind erst die Konturen einer einheitlichen Theorie aller Wechselwirkungen vermutbar, einer Theorie, der möglicherweise das letzte Wort in der Kosmologie obliegt.

Wir wollen uns hier auf das Gesagte beschränken und auf das erstaunliche Gebiet der Kosmologie nicht weiter eingehen. Dem Leser sei in diesem Zusammenhang das Buch von I. D. Nowikow „Evolution des Universums" (Teubner-Verlag, Leipzig) empfohlen.

Da unser Buch der Gravitation gewidmet ist, wollen wir etwas detaillierter beim „Gravitationsskelett" der modernen Kosmologie verweilen, das den oben genannten Friedmannschen Modellen zugrunde liegt und das im Geiste der Allgemeinen Relativitätstheorie die Verbindung zwischen dem Materieverhalten und den geometrischen Eigenschaften des Universums im Ganzen herstellt.

Die Friedmannschen Modelle stellen Lösungen der Einsteinschen Gleichungen für eine homogene und isotrope Materieverteilung dar. Die Begründung dafür, daß man das Universum als homogen und isotrop ansehen kann, liefert die beobachtete Homogenität der sichtbaren Materieverteilung über Maßstäbe, die 100 Mpc[1] übersteigen (obwohl die Materieverteilung über kleinere Maßstäbe des Universums äußerst inhomogen ist – wir sehen Sterne, Galaxien und Haufen von Galaxien). Zum zweiten spricht dafür die beobachtete Isotropie der Hintergrundstrahlung. Schließlich, drittens, spricht die beobachtete Häufigkeit der leichten Elemente dafür, daß die Expansion des Kosmos sehr wahrscheinlich isotrop verlief. Zumindest muß das nach der ersten Sekunde (vom Expansionsbeginn an gerechnet) der Fall gewesen sein.

Die Friedmannschen Modelle beschreiben das Verhalten des Universums als Ganzes. Aber das Universum expandiert, und seit dem Beginn der Expansion ist eine endliche Zeit von $t = 15 \cdots 20$ Mrd. Jahren vergangen. Deshalb ist unserer Beobachtung prinzipiell nur ein Teil

[1] 1 Mpc = 10^6 pc, 1 pc (Parsec) = 3,26 Lichtjahre.

des Universums zugänglich und nicht der gesamte Kosmos. Das Licht konnte während der gesamten Expansionszeit bis zu uns nur aus Entfernungen gelangen, die nicht weiter als $ct = 15 \cdots 20$ Mrd. Lichtjahre entfernt sind, d. h. etwa 5000 bis 6000 Mpc. Der der Beobachtung zugängliche Teil des Kosmos erhielt die Bezeichnung Metagalaxis. Die Allgemeine Relativitätstheorie beschreibt erfolgreich die Gravitation in der gesamten Metagalaxis, und diese Beschreibung widerspricht zumindest nicht den Beobachtungen. Dennoch muß man vorsichtig sein, wenn man Schlußfolgerungen, die sich auf die Metagalaxis beziehen, auf das gesamte Universum extrapoliert. Die moderne Kosmologie – insbesondere die Friedmann-Modelle – setzt die folgende Annahme voraus (kosmologisches Prinzip): Der Kosmos ist überall gleichartig, d. h., er sieht insgesamt so aus wie unsere Metagalaxis.

Die Friedmannschen Modelle liefern die Abhängigkeit der Entfernung zwischen zwei Massepunkten (z. B. zwischen zwei Galaxienhaufen) von der Zeit. Expansion des Universums bedeutet, daß diese Entfernung wächst. Die Expansion findet immer verlangsamt statt, mit negativer Beschleunigung. Es stellte sich heraus, daß man, um dies zu verstehen, die gewöhnliche Newtonsche Mechanik benutzen kann.

Wir trennen aus dem expandierenden, homogenen und isotropen Kosmos eine Kugel mit dem Radius R heraus. Nun verfolgen wir die Bewegung eines Punktes B, der sich auf der Kugeloberfläche befindet, relativ zu einem Punkt A im Zentrum der Kugel. Die Beschleunigung des Punktes B wird nur durch die Materie innerhalb der „ausgeschnittenen" Kugel bestimmt und ist

$$a = -GM/R^2. \qquad (14.1)$$

Da $M = (4/3)\pi R^3 \rho$ ist, wobei ρ die Materiedichte in der Kugel bezeichnet, d. h. die mittlere Materiedichte des Universums, gilt

$$a = -(4/3)\pi G \rho R. \qquad (14.2)$$

Die Beschleunigung (oder, besser gesagt, die Verlangsamung, da die Beschleunigung negativ ist) ist proportional der Dichte ρ und dem Abstand R zwischen den gewählten Punkten. Die Geschwindigkeit v, mit der sich die Punkte A und B voneinander entfernen, ist ebenfalls proportional dem Abstand R (das Hubblegesetz!):

$$v = HR, \qquad (14.3)$$

wobei H die aus der Beobachtung bestimmbare Hubblekonstante ist.

Die Gleichungen (14.2) und (14.3), ergänzt durch die Bedingung, daß die Masse M erhalten bleibt ($\rho R^3 = \text{const}$), lassen sich in Form eines Gleichungssystems bezüglich R, ρ und H schreiben:

$$\left.\begin{aligned} &\frac{d^2R}{dt^2} = -\frac{4}{3}\pi G \rho R, \\ &\frac{dR}{dt} = HR, \\ &\rho R^3 = \text{const.} \end{aligned}\right\} \tag{14.4}$$

Es stellt sich nun heraus, daß, sofern ρ kleiner als eine gewisse kritische Dichte ρ_{kr} ist, die Expansion, d. h. das Anwachsen von R, unbegrenzt fortgesetzt wird. Wenn dagegen $\rho > \rho_{kr}$, dann wird die Expansion früher oder später durch Kontraktion abgelöst. Damit wir nicht das Gleichungssystem (14.4) lösen müssen, um den Wert der kritischen Dichte ρ_{kr} zu erhalten, verwenden wir die Analogie zur zweiten kosmischen Geschwindigkeit. Die Masse B wird niemals auf die Masse A fallen, wenn ihre Geschwindigkeit v größer als die zweite kosmische Geschwindigkeit ist, die der Materiemasse entspricht, die in der Kugel mit dem Radius R eingeschlossen ist:

$$v_{II} = \sqrt{2GM/R} = \sqrt{\frac{8}{3}\pi G \rho R}. \tag{14.5}$$

Aus (14.3) und (14.5) erhalten wir eine Gleichung, die die kritische Dichte bestimmt:

$$HR = \sqrt{\frac{8}{3}\pi G \rho_{kr} R}. \tag{14.6}$$

Daraus folgt

$$\rho_{kr} = 3H^2/(8\pi G). \tag{14.7}$$

Der heutige Wert der Hubblekonstanten, der aus den Beobachtungen folgt, beträgt 75 km/(s · Mpc)[1], und des-

[1]Zwischen den verschiedenen Beobachtergruppen herrscht keine Einigkeit über den Wert der Hubblekonstanten. Möglicherweise gilt auch $H = 50$ km/(s · Mpc).

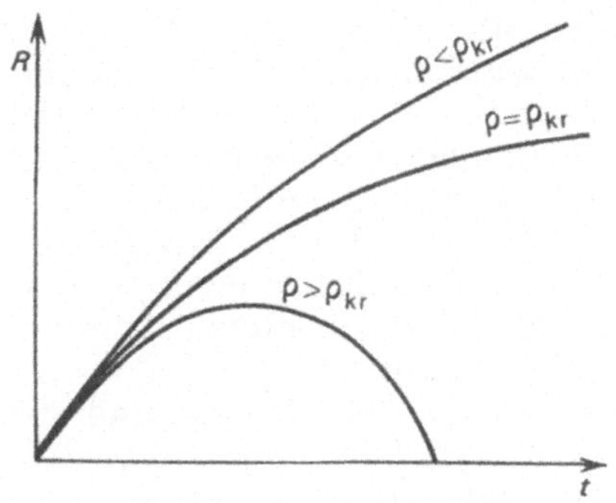

Abb. 45. Das Schicksal des Universums in Abhängigkeit von seiner mittleren Dichte ρ.
Auf der Abszisse ist die Zeit abgetragen und auf der Ordinate die Entfernung R zwischen zwei beliebigen, hinreichend weit voneinander entfernten Galaxien

halb erhalten wir $\rho_{kr} \approx 10^{-29}$ g/cm^3. Kennt man die mittlere Dichte des Universums, dann kann man sie mit der kritischen Dichte vergleichen und damit das künftige Schicksal des Universums vorhersagen. Bei $\rho \leqq \rho_{kr}$ wird die Expansion ewig andauern, während bei $\rho > \rho_{kr}$ früher oder später die Kontraktionsphase eintreten wird. Anstelle der Rotverschiebung in den Spektren der Galaxien wird eine Blauverschiebung zu beobachten sein, und letztendlich kehrt das Universum in den überkritischen Zustand zurück, aus dem heraus es seine Expansion begonnen hat (Abb. 45).

Deshalb ist eines der wichtigsten Probleme der Kosmologie die Bestimmung der mittleren Materiedichte im Universum. Wenn man die gesamte leuchtende, d. h. sichtbare Materie gleichmäßig im Kosmos verteilt, dann erhält man für die Materiedichte einen Wert von $\rho = 3 \cdot 10^{-31}$ g/cm^3, der kleiner als ρ_{kr} ist. Möglicherweise, ja sogar sehr wahrscheinlich, existieren Formen dunkler, schwer beobachtbarer Materie im Kosmos (verborgene Masse). Das könnten erkaltete Sterne, interstellares Gas oder exotische Materieformen sein, primordiale Schwarze Löcher (darüber etwas später) oder auf der Erde noch nicht entdeckte Elementarteilchen usw. Das Problem der verborgenen Masse ist noch nicht endgültig gelöst. Doch es wird eine intensive Suche nach möglichen indirekten Hinweisen auf Erscheinungsformen verborgener Materie durchgeführt. So versucht man, die verborgene Masse in Galaxienhaufen aufgrund ihres gravitativen Einflusses auf die Bewegung einzelner Galaxien in den Haufen zu bestimmen. Dieses Problem wurde besonders aktuell, nachdem Mitteilungen über die Entdeckung einer Ruhmasse beim Neutrino veröffentlicht wurden. Obwohl die endgültige Bestätigung dieses Ergebnisses noch aussteht, sind doch die Folgen einer Neutrinomasse so bedeutsam, daß die Kosmologen bereits jetzt intensiv alle möglichen Evolutionsszenarien für das Universum auf diese Möglichkeit hin durchmustern (insbesondere die Bildung einer Neutrinostruktur, auf die im weiteren die leuchtende Materie „fließt"). Deshalb ist es nicht ausgeschlossen, daß die verborgene Masse als Neutrinos vorhanden ist und die gesamte mittlere Materiedichte des Universums dem kritischen Wert sehr nahekommt (oder sogar größer als dieser ist).

Am Ende dieses Kapitels müssen wir unbedingt die Rolle der Allgemeinen Relativitätstheorie in der Kosmologie klären. Das Gleichungssystem (14.3), (14.4), aus dem richtige Schlußfolgerungen über das Schicksal des Universums gewonnen werden können, ist schließlich mit Hilfe rein Newtonscher Betrachtungen abgeleitet worden. Historisch gesehen, sind die Friedmannschen Modelle im Rahmen der Allgemeinen Relativitätstheorie etwa 10 Jahre vor der Erkenntnis entwickelt worden, daß man in der Kosmologie auch die Newtonsche Theorie verwenden kann. Das ist kein Zufall. Erstens existiert in der Newtonschen Theorie das sog. Gravitationsparadoxon: Die Berechnung der Gravitationskräfte ist nicht eindeutig. Einzig dadurch, daß man auf eine ganz bestimmte Weise verfährt, nämlich eine Sphäre auswählt und die Gravitationskraft berechnet, die auf ein Teilchen in der Nähe der Kugeloberfläche wirkt, konnte man die Gleichungen und die Ergebnisse erhalten, die mit denen aus der Allgemeinen Relativitätstheorie übereinstimmen. Solange man also nicht das Ergebnis wußte (das von Friedmann erhalten worden ist), war es zumindest riskant, die Newtonsche Theorie zu benutzen (mehr dazu in dem Buch I. D. Nowikows, Evolution des Universums).

Zum andern ist die Newtonsche Theorie nur innerhalb relativ kleiner Maßstäbe gültig. In der Tat, wenn man den Radius der ausgeschnittenen Kugel vergrößern würde, dann erreicht früher oder später die zweite kosmische Geschwindigkeit den Wert der Lichtgeschwindigkeit, $v_{II} = c$. Dies geschieht bei

$$v_{II} = \sqrt{\frac{8}{3}\pi G \rho R_{kr}} = c, \qquad (14.8)$$

d. h. bei

$$R_{kr} = \sqrt{3c^2/(8\pi G\rho)}. \qquad (14.9)$$

Zum Beispiel erhalten wir bei $\rho = \rho_{kr}$, daß $R_{kr} = 3 \cdot 10^{10}$ pc ist. Wie wir wissen (s. auch 13. Kapitel über die Schwarzen Löcher), darf man bei solchen Relationen die Newtonsche Theorie nicht mehr benutzen.

Der dreidimensionale Raum des Universums ist gekrümmt, und der charakteristische Krümmungsradius ist etwa gleich R_{kr}. Wenn $\rho < \rho_{kr}$ ist, dann ist der dreidimensionale Raum offen. Dies ist in dem Sinne zu verstehen, daß er zwar gekrümmt ist, sich aber in allen Richtungen bis ins Unendliche erstreckt. Wenn $\rho > \rho_{kr}$ ist, dann ist der Raum geschlossen: Fliegt man von irgendeinem Punkt (z. B. der Erde) die ganze Zeit über in eine Richtung, dann wird man irgendwann wieder auf der Erde ankommen. (Wir müssen freilich bedenken, daß bei $\rho > \rho_{kr}$ das Universum zunächst expandiert und dann wieder kollabiert, und bevor der hypothetische Kosmosreisende wieder die Erde erreicht, ist der Kosmos bereits kollabiert.)

Es erhebt sich die Frage, ob man nicht mit Hilfe irgendwelcher Beobachtungen die Krümmung des Raumes direkt messen und daraufhin die mittlere Materiedichte im Universum bestimmen kann. Im Prinzip ist dies möglich. Die Allgemeine Relativitätstheorie sagt Abweichungen von dem einfachen Hubblegesetz für sehr entfernte Objekte voraus, d. h. für Objekte mit großen Rotverschiebungen. Letztere werden zu $z = \Delta\omega/\omega$ bestimmt. Als Folge des Dopplereffektes gilt

$$z \approx v/c.$$[1]

In der Praxis wird die Abhängigkeit der scheinbaren Helligkeit m^* eines Objektes von z (oder umgekehrt z von m^*) bestimmt. Wir wollen hier nicht detailliert darauf eingehen, wie man in der Astronomie den Betrag m^* bestimmt. Wichtig ist allein das Folgende: m^* hängt linear von dem Logarithmus des Strahlungsstroms, der auf die Erde gelangt, ab. Wenn man davon ausgeht, daß alle Quellen der untersuchten Klasse (z. B. Quasare) während einer Zeiteinheit in den Raum etwa die gleiche Energie-

[1] Diese einfache Formel gilt nur bei kleinen Geschwindigkeiten. Wenn v von der Größenordnung der Lichtgeschwindigkeit ist ($v \lessapprox c$), muß die Spezielle Relativitätstheorie berücksichtigt werden.

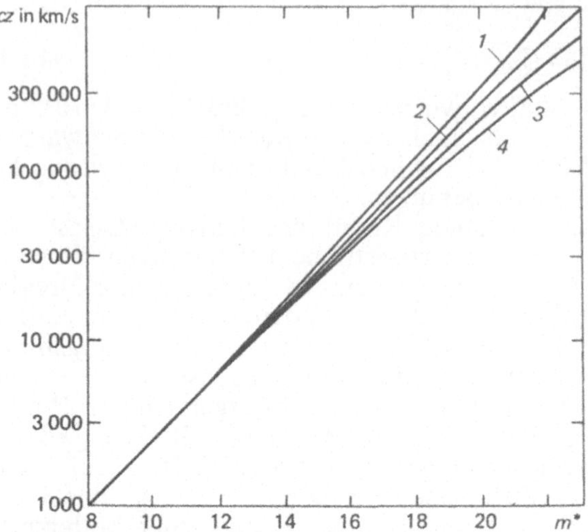

Abb. 46. Die Abhängigkeit der Rotverschiebung z von der scheinbaren Helligkeit m^*, wie sie von verschiedenen kosmologischen Modellen vorausgesagt wird.
1 geschlossenes Universum $\rho > \rho_{kr}$; *2* räumlich flaches Universum, $\rho = \rho_{kr}$; *3* offenes Universum, $\rho \ll \rho_{kr}$; *4* Modell eines nichtexpandierenden Kosmos (stationärer Kosmos)

menge abstrahlen, dann ist offensichtlich der auf der Erde empfangene Strom umgekehrt proportional dem Quadrat der Entfernung bis zur Quelle. Folglich ist m^* eine lineare Funktion des Logarithmus der Entfernung. Das bedeutet aber, daß, sofern das Hubblegesetz (s. Formel (14.3)) für beliebig große Entfernungen (d. h. für beliebig große z) Gültigkeit besäße, die Abhängigkeit des log z von m^* linear sein muß. Beliebige Abweichungen vom Hubblegesetz führen zu einer Abweichung der Abhängigkeit $z(m^*)$ (in logarithmischen Einheiten) von der geraden Linie (Abb. 46).

Diese Abweichungen von einer Geraden könnten wir dazu benutzen, die Krümmung der Welt zu bestimmen. Doch neben den rein technischen Schwierigkeiten, die mit der Beobachtung sehr entfernter Objekte, wie den Quasaren, zusammenhängen, existiert noch eine prinzipielle Schwierigkeit. Diese besteht darin, daß während der Zeit, die mit dem Weltalter vergleichbar ist, die Quasare eine stürmische Entwicklung durchmachen, d. h., ihre Helligkeit war in der fernen Vergangenheit offensichtlich wesentlich größer als in der darauffolgenden Epoche. Die Berücksichtigung dieser Entwicklung führt bereits zu einer Abweichung der Abhängigkeit $z(m^*)$ von der Linearität. Bevor die Entwicklungsgesetze der Quasare nicht bekannt sind, läßt sich die geschilderte Methode nicht verwenden.

Die gleiche Schwierigkeit, die mit der Entwicklung der Objekte zusammenhängt, entsteht auch bei der Zählung der Radiogalaxien. Wenn diese keine Entwicklung durchmachen würden, ließe sich aufgrund der Abhängigkeit der Zahl der Radiogalaxien von der Leuchtkraft die Krümmung des Universums bestimmen.

Damit bleibt die Frage der unabhängigen Krümmungsbestimmung offen, und die Untersuchungen in dieser Richtung werden fortgesetzt. Die Erhöhung der Auflösung durch eine Vergrößerung der Basis in der Radiointerferometrie (s. 6. Kapitel) gestattet es, die Winkeldurchmesser Θ sehr weiter Objekte zu bestimmen. Die Abhängigkeit Θ von z ist, wie sich herausgestellt hat, ebenfalls gegenüber der Raumkrümmung empfindlich.

Außer diesen direkten Messungen konkreter kosmologischer Größen (Hubblekonstante, mittlere Dichte, Raumkrümmung usw.) werden in der modernen Kosmologie oft Versuche unternommen, aufgrund der Gesamtheit astrophysikalischer Daten indirekte Einschränkungen für diese oder jene Größen zu erhalten, um durch diese Einschränkungen etwas über das frühe Universum aussagen zu können. Beispielsweise sei an die Einschränkungen in bezug auf die primordialen Schwarzen Löcher erinnert, auf deren mögliche Existenz zuerst von Ja. B. Seldowitsch und I. D. Nowikow hingewiesen wurde. Aus dem 13. Kapitel wissen wir, daß sich im heutigen Universum Schwarze Löcher mit Massen bilden können, die größer als eine Sonnenmasse sind. In der Vergangenheit dagegen, als der Kosmos sehr dicht war, konnten Schwarze Löcher beliebig kleiner Masse (bis zu Massen von 10^{-5} g) entstehen. Die Anzahl solcher Schwarzen Löcher hängt aufs engste mit dem Charakter der Störungen von Dichte und Gravitationsfeld zusammen, die von Beginn der kosmischen Expansion an existierten. Obwohl primordiale Schwarze Löcher bislang nicht entdeckt worden sind und man nur Einschränkungen ihrer Zahl angeben kann (auf der Grundlage einer ganzen Reihe von Beobachtungsdaten), läßt sich bereits mit hinreichender Bestimmtheit sagen, daß das Universum zu Beginn seiner Expansion nicht übermäßig chaotisch gewesen sein kann, d. h., die erwähnten Störungen werden nicht sehr groß.

Damit wollen wir unseren kurzen Bericht über die Bedeutung der Gravitation für das Universum im ganzen und über ihre Rolle in der modernen Kosmologie schließen.

15. Ist die Gravitationskonstante wirklich konstant? (Über andere Gravitationstheorien)

In den vorangegangenen Kapiteln haben wir uns mit der Allgemeinen Relativitätstheorie bekannt gemacht, vor allem mit den experimentellen und Beobachtungsergebnissen, die das Fundament für diese Theorie bilden. Wir konnten uns davon überzeugen, daß bisher kein einziges Experiment, keine einzige Beobachtung existiert, die im Widerspruch zu der Allgemeinen Relativitätstheorie steht. Doch im 1. Kapitel haben wir die Worte Einsteins zitiert, daß kein Experiment entscheiden kann, ob eine Theorie wahr ist, sondern nur, ob sie falsch ist. Dazu kommt, daß zwar auf dem Gebiet der Gravitationsexperimente in den letzten 10 bis 20 Jahren bedeutende Fortschritte erreicht worden sind, aber die experimentelle Basis der Allgemeinen Relativitätstheorie trotzdem recht bescheiden geblieben ist. Dies hängt, wie wir wissen, mit der schwachen Wirkung der Gravitation zusammen. Deshalb wird unser Bericht über das Gravitationsexperiment unvollständig bleiben, wenn wir nicht die Frage nach der möglichen Existenz anderer Gravitationstheorien, die sich von der Allgemeinen Relativitätstheorie unterscheiden, berühren würden. Natürlich sind nur solche Theorien akzeptabel, die ebenfalls bis heute nicht der Gesamtheit aller experimenteller Ergebnisse und Beobachtungen widersprechen.

Die Frage gewinnt besondere Bedeutung im Zusammenhang mit der Entdeckung „exotischer“ astronomischer Objekte, in denen gerade die Effekte eines starken Gravitationsfeldes eine wichtige Rolle spielen. Bei der Erforschung der Pulsare, der kompakten Röntgenquellen oder der Quasare werden Modelle für die Erscheinungen entwickelt, die in diesen Objekten auftreten. In der Regel werden dabei die Aussagen der Theorie nicht nur auf Gebiete mit schwachem Gravitationsfeld angewendet, in denen man die Allgemeine Relativitätstheorie mit hoher Genauigkeit als bestätigt ansehen kann, sondern auch auf Gebiete mit starken Feldern. Beispielsweise enthalten einige Modelle kompakter Röntgenquellen oder Quasare als zentrales Element Schwarze Löcher. Man muß jedoch einräumen, daß die Voraussagen der Allgemeinen Relativitätstheorie, die sich auf starke Gravitationsfelder beziehen, in gewissem Sinne Extrapolationen darstellen. Um die Zuverlässigkeit einer solchen Extrapolation abschätzen zu können, ist es zweckmäßig, sich mit anderen, wie man sagt, alternativen Gravitationstheorien bekannt zu machen.

In den 60er und 70er Jahren sind eine ganze Reihe solcher Modelle vorgeschlagen worden, so daß sogar „Theorien der Gravitationstheorie" nötig waren, um die alternativen Modelle und ihre experimentellen Konsequenzen klassifizieren zu können. Zu einer solchen „Theorientheorie" gehören auch die Überlegungen Dickes (davon war kurz im 7. Kapitel die Rede), der sich die Aufgabe stellte, die Grundvoraussetzungen der Gravitationstheorie zu analysieren und Kriterien für die Daseinsberechtigung der vorgeschlagenen Modelle festzulegen. Diese Kriterien lassen sich kurz wie folgt formulieren:

1. Eine Theorie (Modell) muß vollständig sein, d. h., sie muß aus „ersten Prinzipien" heraus das Ergebnis eines beliebigen Experiments zu erklären imstande sein, natürlich nur, soweit die Erscheinungen, die sich in diesem Experiment äußern, nicht das Anwendungsgebiet des Modells verlassen.

2. Die Theorie muß selbstkonsistent sein. Eine jede ihrer Aussagen muß eindeutig sein. Die Newtonsche Theorie läßt sich in diesem Sinne nicht als selbstkonsistent bezeichnen: ihre Aussage bezüglich einer unendlichen Materieverteilung ist nicht eindeutig, sondern hängt von der Art und Weise der Argumentation ab (s. 14. Kapitel, wo auf das Gravitationsparadoxon hingewiesen wird).

3. Die Theorie muß relativistisch sein, d. h., in kleinen Gebieten der Raum-Zeit, wenn man die Gravitationswechselwirkung vernachlässigen kann, muß die Spezielle Relativitätstheorie richtig sein.

4. Die Theorie muß den richtigen Newtonschen Grenzübergang in Gebieten schwacher Gravitationsfelder und langsamer Bewegungen liefern.

5. Die Theorie muß das sog. schwache Äquivalenzprinzip beinhalten, das folgendermaßen formuliert werden kann (vgl. die Formulierung des Äquivalenzprinzips im 4. Kapitel): Die Weltlinie eines elektrisch neutralen Probekörpers hängt nur von den Anfangsbedingungen ab und weder von seiner inneren Struktur noch von seiner chemischen Zusammensetzung. Dies Prinzip ist, wie der aufmerksame Leser bemerkt hat, nichts anderes als das Prinzip der Universalität des freien Falls.

6. Die Theorie muß das Prinzip der Universalität der gravitativen Rotverschiebung für Frequenzen beinhalten (s. 8. Kapitel): Die gravitative Frequenzverschiebung oder der Unterschied in der Ganggeschwindigkeit ideal gehender Uhren zwischen zwei Ereignissen der Raum-Zeit wird nur durch die Weltlinien von Quelle und Empfänger (bzw. der entsprechenden Uhren) bestimmt und hängt weder von ihrer Struktur noch von der chemischen Zusammensetzung ab.

Die ersten zwei Dickeschen Kriterien haben rein theoretischen Charakter, während die übrigen vier eine experimentelle Begründung haben. Das dritte Kriterium basiert auf der Gesamtheit aller Experimente zur Speziellen Relativitätstheorie (s. 3. Kapitel). Das vierte Kriterium gründet sich auf die Erfolge der Newtonschen Theorie bei der Erklärung der Bewegung der Himmelskörper und auf die Laborversuche ähnlich dem Cavendish-Experiment (s. 2. und 10. Kapitel). Das fünfte Kriterium beruht auf den Experimenten, die die Universalität des freien Falls nachgewiesen haben (s. 7. Kapitel). Das sechste Kriterium beruht schließlich auf den Experimenten, die im 8. Kapitel beschrieben worden sind.

Unter allen vorgeschlagenen und denkbaren Theorien, die den oben aufgezählten sechs Kriterien genügen, ist nun als wichtigste Theorienunterklasse diejenige auszuwählen, die als metrische Theorien bezeichnet werden. (Die Allgemeine Relativitätstheorie gehört ebenfalls zu dieser Klasse.)

Um verstehen zu können, worum es sich bei diesen Theorien handelt, muß zunächst das im 4. Kapitel angeführte Einsteinsche Äquivalenzprinzip genauer erläutert und etwas tiefergehend die Frage erörtert werden, wie die Geometrie der Raum-Zeit beschrieben wird.

Die exaktere Formulierung des oben angeführten Äquivalenzprinzips ist folgende:

1. Gültigkeit haben das schwache Äquivalenzprinzip und das Prinzip von der Universalität der gravitativen Frequenzverschiebung.

2. Das Ergebnis eines beliebigen, gedachten nichtgravitativen Experiments in einem frei fallenden Bezugssystem hängt nicht davon ab, wo und wann dieses Experiment im Kosmos durchgeführt wird, und auch nicht von der Geschwindigkeit des Bezugssystems.

Nun einige Worte zu der Möglichkeit, die Geometrie einer Raum-Zeit zu beschreiben. Wir erinnern daran, daß gerade die geometrischen Eigenschaften der Raum-Zeit in Form von Gravitation in Erscheinung treten. Es stellt sich heraus, daß für die vollständige Beschreibung der Raum-Zeit die Kenntnis genügt, wie die unendlich kleinen Verschiebungen der vier Koordinaten (dreier räumlicher $\mathrm{d}x$, $\mathrm{d}y$, $\mathrm{d}z$ und einer zeitlichen $\mathrm{d}t$) mit dem physikalischen Intervall $\mathrm{d}s$ (s. 3. Kapitel) zwischen zwei unendlich nahen Zuständen in der Raum-Zeit verknüpft sind. Wenn überall in der Raum-Zeit in einem beliebigen Bezugssystem ein solcher Zusammenhang angegeben werden kann, dann spricht man davon, daß die „Metrik" der Raum-Zeit vorliegt. Die Beziehung

$$\mathrm{d}s^2 = (c\,\mathrm{d}t)^2 - \mathrm{d}x^2 - \mathrm{d}y^2 - \mathrm{d}z^2 \tag{15.1}$$

bestimmt z. B. die Metrik in der Minkowskischen Raum-Zeit. Und die noch einfachere und gewohntere Beziehung, die aus dem Satz des Pythagoras folgt, bestimmt alle geometrischen Eigenschaften des Euklidischen Raumes:

$$\mathrm{d}l^2 = \mathrm{d}x^2 + \mathrm{d}y^2 + \mathrm{d}z^2 . \tag{15.2}$$

Im Fall einer gekrümmten Raum-Zeit und außerdem in beliebigen krummlinigen (Gaußschen) Koordinaten ist der Zusammenhang zwischen $\mathrm{d}s^2$ und $\mathrm{d}x^2$, $\mathrm{d}y^2$, $\mathrm{d}z^2$ und $\mathrm{d}t^2$ komplizierter als die Beziehung (15.1). Doch dabei bleibt die wichtigste Eigenschaft eines solchen Zusammenhangs erhalten. Sie bleibt, wie als erster der Mathematiker Riemann erkannt hat, „quadratisch". Das bedeutet, daß erstens alle komplizierteren Änderungen zum Auftauchen gewisser Koeffizienten vor $\mathrm{d}x^2$, $\mathrm{d}y^2$, $\mathrm{d}z^2$ und $\mathrm{d}t^2$ führen (z. B. kann anstelle von $\mathrm{d}x^2$ nun $f(x, y, z, t)\,\mathrm{d}x^2$ stehen), und zweitens können nun auch „gemischte" Glieder vom Typ $\varphi(x, y, z, t)\mathrm{d}x\,\mathrm{d}y$ oder $F(x, y, z, t)\mathrm{d}t\,\mathrm{d}x$ usw. erscheinen.

Die Vorgabe der Metrik (und dadurch der Bestimmung aller geometrischen Eigenschaften der Raum-Zeit) bedeutet im wesentlichen die Angabe der „Koeffizienten" f, φ, F usw.[1], die sich beim Übergang von einem Punkt der Raum-Zeit zu einem anderen ändern. Die bewußten Koeffizienten selbst werden auch als Potentiale des Gravitationsfeldes bezeichnet. Insgesamt gibt es zehn solcher Potentiale (anstelle eines einzigen in der Newtonschen Theorie), und sie alle bestimmen sich aus der Verteilung und Bewegung der Materie.

Nun sind wir bereits in der Lage, Postulate zu formulieren, auf deren Grundlage eine beliebige metrische Gravitationstheorie aufbaut:

1. In der physikalischen Raum-Zeit existiert eine Metrik.
2. Die Weltlinien von Probekörpern sind die geodätischen Bahnen dieser Metrik (s. 4. Kapitel).
3. Das Einsteinsche Äquivalenzprinzip wird erfüllt, und die lokalen nichtgravitativen Gesetze in frei fallenden Bezugssystemen lassen sich auf die Gesetzmäßigkeiten der Speziellen Relativitätstheorie zurückführen.

Es existiert eine Hypothese von Schiff, derzufolge alle Kriterien für die Daseinsberechtigung von Gravitationstheorien den Postulaten der metrischen Theorien äquivalent sind, d. h., jede lebensfähige Gravitationstheorie muß eine metrische sein. Bislang ist die Hypothese von Schiff noch nicht endgültig bewiesen. Doch es gibt zumindest ernsthafte Gründe, dieser Annahme zu folgen. Dies würde eine starke Einschränkung der Klasse möglicher Gravitationstheorien bedeuten.

Wir wollen nun sehen, welchen Platz die Allgemeine Relativitätstheorie unter den anderen metrischen Theorien einnimmt.

Wir haben schon mehrfach erwähnt, daß die Gravitation als Krümmung der Raum-Zeit durch die Dichteverteilung und die Geschwindigkeit der Materie bestimmt wird. Es hat damit den Anschein, als müsse die Materie des gesamten Kosmos auf die lokale Gravitationsphysik Einfluß nehmen. Beispielsweise könnte die Gravitationskonstante G von der kosmischen Dichte abhängen, wie das auch von einigen alternativen Gravitationstheorien vor-

[1]Zur eindeutigen Kennzeichnung dieser Koeffizienten versieht man sie gewöhnlich mit zwei Indizes, beispielsweise $f = g_{11}$, $\varphi = g_{12}$, $F = g_{01}$ usw.

hergesagt wird. In der Allgemeinen Relativitätstheorie existiert eine solche Einwirkung nicht. Als Einstein sein Äquivalenzprinzip formulierte, konstruierte er die einfachste Variante einer Theorie, die diesem Prinzip genügt. In einigen komplizierten Gravitationstheorien treten neben der Metrik noch andere Gravitationsfelder auf, die sich nicht unmittelbar auf die Bewegung von Probekörpern auswirken (deren Bewegung wird allein durch die Metrik bestimmt), sondern indirekt zusammen mit der Materie auf die Metrik selbst einwirken. Mit anderen Worten, das Experiment deutet fast eindeutig darauf hin, daß sich die Probekörper entlang der Geodäten in irgendeiner Metrik bewegen. Doch es läßt große Freiheiten bei der Form der Gleichungen, die die Metrik festlegen, zu.

Alle metrische Theorien enthalten zusätzliche Gravitationsfelder, wodurch sie sich von der Allgemeinen Relativitätstheorie unterscheiden. Aufgrund dieser zusätzlichen Felder wirken die globalen Eigenschaften des Universums auf die lokale Gravitationsphysik. So sagen einige Theorien eine langsame, zeitliche Änderung der Gravitationskonstanten G während der kosmischen Entwicklung voraus.

Allein eine Reihe astronomischer Beobachtungen gestattet es, starke Einschränkungen in bezug auf die Änderungsgeschwindigkeit von G festzulegen und damit die Parameter jener Gravitationstheorien, die eine zeitliche Änderung der Gravitationskonstanten voraussagen, ebenfalls zu beschränken. Die erwähnten Einschränkungen konnten aus der Untersuchung der Entwicklung von Galaxienhaufen, der Sonnenentwicklung, aus der Beobachtung des Abstandes der Mondbahn und aus Radarortungen der Planeten abgeleitet werden. Außerdem ist eine Reihe von Laborexperimenten vorgeschlagen worden. Erst unlängst haben die Experimentatoren langsame Parameteränderungen bei den Planetenbahnen mit Hilfe der Radarverfolgung von Satelliten, die auf Kreisbahnen um erdnahe Planeten gebracht worden waren, gemessen. Die Ergebnisse solcher Langzeitmessungen haben es gestattet, den folgenden Grenzwert für eine mögliche relative Änderung der Gravitationskonstanten G mit der Zeit festzulegen:

$$\Delta G/G \lesssim 0{,}4 \cdot 10^{-11}/\text{Jahr}. \qquad (15.3)$$

Wenn man berücksichtigt, daß die Zeit, die seit dem Beginn der Expansion des Universums vergangen ist, 10^{10} bis

$2 \cdot 10^{10}$ Jahre beträgt, dann ist es offensichtlich, daß sich während der gesamten Entwicklungszeit des Kosmos der Betrag von G nicht besonders stark ändern konnte. Doch selbst geringe Variationen von G, die der Ungleichung (15.3) genügen, könnten sich wesentlich auf die Entwicklung des sehr frühen Kosmos auswirken. Deshalb sind die Einschränkungen in bezug auf $\Delta G/G$ für die Kosmologie von besonderem Interesse.

Zu einem völlig anderen Typ von „Theorientheorie“ gehört der sog. parametrisierte postnewtonsche Formalismus (PPN-Formalismus). Unabhängig von der auf den ersten Blick tiefsinnigen Bezeichnung ist der Sinn dieses Formalismus außerordentlich einfach. Eine beliebige Theorie muß eine quantitative Voraussage der Gravitationseffekte im schwachen Gravitationsfeld liefern, insbesondere muß sie die Korrekturen zu den Voraussagen der Newtonschen Theorie (postnewtonsche Korrekturen) angeben. Es stellt sich heraus, daß unabhängig von den starken Unterschieden in den Grundannahmen der Theorien und Methoden ihrer Konstruktion etwa 10 Parameter derart eingeführt werden können (die PPN-Parameter), daß ein beliebiger Gravitationseffekt im allgemeinsten Fall durch meßbare Größen (Abstand, Geschwindigkeit usw.) und gewisse Kombinationen dieser 10 Parameter ausgedrückt werden kann. Damit können die Messungen, die in den Kapiteln 7 bis 11 beschrieben worden sind, als Einschränkungen für diese oder jene PPN-Parameter aufgefaßt werden. Folglich stellt der PPN-Formalismus eine gewisse Ordnung unter den alternativen Theorien her. Jede alternative Theorie muß, bevor sie in einen „ehrlichen Kampf“ mit der Allgemeinen Relativitätstheorie tritt, gewissermaßen als ihre „Visitenkarte“ eine Gesamtheit vorhergesagter PPN-Parameter oder das mögliche Wertegebiet dieser Parameter ausweisen. Der Vergleich dieser Information mit dem Experiment gestattet es, mitunter diese oder jene Theorie auszusondern bzw. gewissen Einschränkungen zu unterwerfen.

Wir betonen noch einmal, daß die Allgemeine Relativitätstheorie bisher jeden derartigen Test bestanden hat. Was im weiteren mit ihr geschieht, werden die künftigen Experimente entscheiden.

Schlußwort

Die Autoren hoffen, daß der Leser, der sich mit den vorangegangenen fünfzehn Kapiteln vertraut gemacht hat, ein Gefühl dafür erhalten hat, um wieviel tiefer und umfangreicher das heutige Verständnis der Gravitationswechselwirkung im Vergleich zu den Vorstellungen Newtons ist. Die Allgemeine Relativitätstheorie befindet sich mit einer ganzen Reihe von Experimenten in guter Übereinstimmung und macht qualitative Voraussagen, die es noch nachzuweisen gilt (z. B. sagt sie die Existenz von Gravitationswirbeln, Gravitationswellen, Schwarzen Löchern voraus), so daß es für die Experimentatoren und Beobachter noch viel zu tun gibt. Und auch vor den Theoretikern stehen noch viele Aufgaben, die eine Lösung fordern.

Erstens stehen im Rahmen der Allgemeinen Relativitätstheorie – in dem Maße, wie sich die experimentellen und Beobachtungsmöglichkeiten entwickeln – solche Aufgaben an wie die Bestimmung der möglichen Quellen für Gravitationsstrahlung, die verläßliche Berechnung der auf der Erde eintreffenden Signalform oder aufgrund welcher konkreter beobachtbarer Erscheinungen man mit Sicherheit auf die Existenz eines Schwarzen Lochs schließen kann. Natürlich lassen sich in einem solch kleinen Büchlein wie dem vorliegenden nicht alle Probleme beleuchten. So enthält das Buch nicht die Probleme der Teilchenerzeugung in starken Gravitationsfeldern, die Quantenverdampfung Schwarzer Löcher und die Probleme der kosmologischen Singularität. Die Entstehung der Strukturen im Kosmos ebenso wie viele andere Fragen wurden kaum behandelt.

Zum zweiten ist fast nichts über das Problem der Quantisierung von Gravitationsfeldern, die alle bekannten Wechselwirkungen verknüpft, gesagt worden. Doch ohne eine solche Gravitationstheorie wird man bei der Untersuchung des Ursprungs der kosmischen Expansion nicht auskommen können.

Mit anderen Worten, beim Leser sollte nicht der Eindruck entstehen, daß mit diesem Büchlein alle Probleme der Gravitationsphysik erschöpfend behandelt worden sind.

Wir hoffen jedoch, daß der Leser bereits aus dem, was in dem vorliegenden Bändchen wiedergegeben worden ist, eine Vorstellung von dem stürmischen Eingang des Experiments und der Beobachtung in die bis dahin rein theoretischen Bereiche der Physik der Gravitationswechselwirkung gewonnen hat.

Das wachsende experimentelle und Beobachtungspotential unseres Planeten, die Erweiterung der „Laboratorien" bis auf die Maßstäbe des Sonnensystems, ja des gesamten Universums, geben uns die Gewißheit, daß es uns künftig gelingen wird, in noch erstaunlichere Geheimnisse der Gravitationswechselwirkung vorzudringen und deren Rolle im Weltgebäude besser zu verstehen, und dies sowohl in der Makro- als auch in der Mikrowelt.

Anhang:

Welchen Nutzen besitzt die Gravimetrie, und gibt es Schwerelosigkeit auf der Umlaufbahn?

Alles, was in den vorangegangenen Kapiteln dargelegt worden ist, war den Eigenschaften der gravitativen Wechselwirkung gewidmet. Es bezog sich auf die Grundannahmen der Allgemeinen Relativitätstheorie und auf Experimente, mit denen die Gravitationstheorie überprüft wird, sowie auf astrophysikalische Beobachtungen, zu deren Erklärung die Allgemeine Relativitätstheorie herangezogen werden muß. Man darf jedoch nicht etwa annehmen, daß sich die Physiker und Ingenieure, die sich mit der Konstruktion hochempfindlicher Geräte zur Messung des Gravitationsfeldes beschäftigen, das alleinige Ziel stellen, Gesetzmäßigkeiten fundamentalen Charakters zu erforschen. Die Fähigkeit, gravitative Beschleunigungen sowie deren Änderungen mit hoher Genauigkeit zu messen, erlaubt es, eine ganze Reihe von wichtigen Anwendungsaufgaben zu lösen.

Dieser Abschnitt weicht in gewisser Weise von der rein

physikalischen bzw. astrophysikalischen Richtung des Buches ab (deshalb wurde er als Anhang aufgenommen). Er ist sozusagen den praktischen Gravitationsproblemen auf der Erde und im erdnahen Raum gewidmet. Der Leser weiß vermutlich sehr wohl, daß die Behauptung, die Erde habe die Form einer Kugel, nur in erster Näherung gültig ist. Die Behauptung, die Erde sei an den Polen abgeplattet, ist nur die zweite Näherung. In der dritten Näherung ist die Form der Erde durch ihr Relief (Berge, Täler, Meere, Ozeane) gegeben. Offensichtlich führen diese geometrischen Inhomogenitäten zusammen mit der inhomogenen Dichte der Gesteinsschichten an der Erdoberfläche zu beträchtlichen Differenzen der Erdbeschleunigung g in verschiedenen geographischen Bezirken.

Die detaillierte Untersuchung der unterschiedlichen Schwerebeschleunigung g an verschiedenen Stellen der Erdoberfläche ist eine der Aufgaben der Gravimetrie, eines Spezialgebietes an der Nahtstelle zwischen Physik und Geophysik. Verständlicherweise kann die genaue Kenntnis der Änderung von g entlang der Erdoberfläche den Geologen außerordentlich nützliche Informationen über die Dichte der in einem bestimmten Gebiet unter der Erdoberfläche anstehenden Gesteinsschichten geben. Daraus lassen sich wiederum indirekte Hinweise auf Vorkommen von Bodenschätzen ziehen und folglich Empfehlungen für eine Probebohrung an einer bestimmten Stelle ableiten. (Probebohrungen sind wesentlich teurer als die Messung von g an der Erdoberfläche.)

Ein gewöhnliches Feldgravimeter (wie die Geologen sagen) gestattet es heute, Änderungen von g mit der Genauigkeit des 10^{-6}ten Teils von g zu messen. Das Wirkungsprinzip eines derartigen Gravimeters ist äußerst einfach. Es handelte sich früher um ein Pendel, dessen Schwingungsdauer zur Bestimmung von g gemessen wird, und heute um eine Masse an einer Feder, deren Verlängerung proportional zu g ist. Diese Geräte besitzen jedoch einige wesentliche Unzulänglichkeiten. Eine besteht darin, daß der Nullpunkt aufgrund der monotonen und unkontrollierbaren Änderung der Pendellänge oder Federspannung „kriecht". Das bedeutet, daß der Nullpunktgang solch eines Gravimeters bestimmt werden muß.

Gewöhnlich mißt man an mehreren Punkten der Erdoberfläche und kehrt dann nochmals an den Ausgangspunkt zurück, um der ersten Messung von g

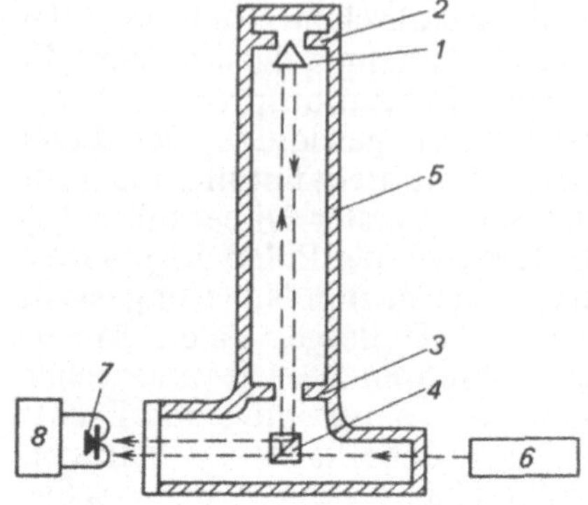

Abb. 47. Schematische Darstellung eines ballistischen Gravimeters.
1 Glasprisma, *2* System, mit dem das Prisma fallengelassen werden kann, *3* Auffangsystem für das Prisma, *4* Strahlenteiler, *5* Vakuumkammer, *6* Laser, *7* Fotodetektor, *8* Impulszähler

eine Kontrollmessung gegenüberzustellen. Diese Prozedur gestattet es, sich im Meßprozeß anhäufende Fehler auszugleichen. Dabei muß man sicher sein, daß der Nullpunkt während der gesamten Messung monoton kriecht. Außerdem wird bei dieser Prozedur angenommen, daß sich g im Ausgangspunkt während der gesamten Meßzeit nur unwesentlich ändert. Pendel- und Federgravimeter, die im Feld benutzt werden, sind nur für Relativmessungen geeignet; zu ihrer Eichung muß ein absolutes Gravimeter benutzt werden. Der Terminus „absolut" hat hier denselben Sinn wie bei dem metrologischen Standard (beispielsweise dem Wasserstofffrequenzstandard). Vor relativ kurzer Zeit wurde ein derartiges absolutes Gravimeter geschaffen. Wissenschaftler der Sibirischen Abteilung der Akademie der Wissenschaften der UdSSR haben zu seiner Konstruktion einen wesentlichen Beitrag geleistet.

Um die Funktionsweise des absoluten Gravimeters zu verstehen, erinnern wir uns daran, daß beim freien Fall im Vakuum die Fallhöhe H mit der Fallzeit t durch die einfache Beziehung

$$H = \frac{1}{2} g t^2 \tag{A1}$$

verknüpft ist. Wenn man H und t mißt, kann man g bestimmen. Das absolute Gravimeter (das auch als ballistisches Gravimeter bezeichnet wird) enthält eine Röhre, aus der die Luft gepumpt worden ist. In dieser Röhre fällt ein Glasprisma (Abb. 47). Ein Laserstrahl wird von diesem Prisma reflektiert und ergibt mit einem zweiten Strahl desselben Lasers ein Interferenzbild. Ein Fotodetektor wird so angebracht, daß sich die Verschiebung des Interferenzbildes bequem messen läßt. Wenn sich das Prisma vertikal um eine halbe Wellenlänge verschiebt, gibt der Fotodetektor einen Impuls. Die Höhe H (von der Größenordnung eines Meters) entspricht also einigen Millionen Halbwellenlängen des Lasers, und es ist die Aufgabe einer nicht allzu komplizierten Elektronik, die entsprechenden Impulse zu zählen und gleichzeitig die Zeit zu bestimmen, die während des Zählens abgelaufen ist. Ein Zeitstandard ist Bestandteil eines derartigen Gravimeters, die Frequenz (oder Wellenlänge) des Lasers muß genau bekannt sein.

Aus dieser (sehr vereinfachten) Beschreibung des absoluten Gravimeters ist ersichtlich, daß man es nicht „im Feld“ benutzen kann, sondern daß es sich um ein stationäres Gerät handelt. Es hat aber den offenkundigen Vorzug einer hohen Genauigkeit. Als man einige dieser Gravimeter, die in verschiedenen Ländern angefertigt worden waren, an eine Stelle brachte und die Messungen von g verglich, ergaben sich relative Fehler von weniger als 10^{-8}. Das ist jedoch noch nicht die Grenze. Erinnern wir uns daran, daß man die Frequenz (und die Zeit) heute mit einer relativen Genauigkeit von $3 \cdot 10^{-13}$ (s. 6. Kapitel) „aufbewahren“ kann. Folglich kann man zukünftig eine weitere Steigerung der Genauigkeit der absoluten Gravimeter erwarten.

Die Inhomogenitäten in der Verteilung der Schwerebeschleunigung schlagen sich deutlich in der Bewegung der künstlichen Erdsatelliten nieder. Selbst im Rahmen der Newtonschen Theorie unterscheiden sich die Umlaufbahnen merklich von einer Ellipse. Wenn man darüber hinaus berücksichtigt, daß die Erde rotiert und zu verschiedenen Zeitpunkten unter der Umlaufbahn eines erdnahen Satelliten „zusätzliche“ Massen (beispielsweise Gebirge) liegen können, so wird klar, daß sich auch die Bewegungsebene des Satelliten mit der Zeit ändern kann.

Zunächst schien es bequem zu sein, zu gewissen Zeitpunkten die Position des Satelliten mit einer Genauigkeit von einigen Zentimetern (diese Genauigkeit ist durchaus erreichbar, s. 6. Kapitel) und dann aus den gemessenen Positionen und Zeiten die Verteilung von g entlang der Erdoberfläche in verschiedenen Höhen mit einer relativen Genauigkeit von mindestens 10^{-6} zu bestimmen. Diese Prozedur ist jedoch ungeeignet, weil sich die erdnahen Satelliten nicht genau auf geodätischen Umlaufbahnen bewegen. Anders gesagt, auf der Umlaufbahn herrscht keine völlige Schwerelosigkeit.

Die letzte Behauptung befindet sich in scheinbarem Widerspruch mit dem, was der Leser im Fernsehen sehen kann: frei in den Sektionen eines Raumschiffs „schwimmende" Kosmonauten, die darüber hinaus noch schwebende Bordtagebücher oder andere unbefestigte Gegenstände vorweisen. Wenn man jedoch etwa eine Stunde warten und die Luftzirkulation in dem Raumschiff unterdrücken könnte, würde man eine merkliche Häufung aller frei schwebenden Gegenstände in der Nähe einer der Wände feststellen.

Dafür gibt es mehrere Gründe. Beispielsweise werden niedrig fliegende Satelliten in den oberen Schichten der Atmosphäre etwas abgebremst. Ein relativ kleiner Satellit von 200 kg Masse und einer Fläche von 2 m^2 auf einer Kreisbahn in 400 km Höhe wird mit einer Verzögerung von etwa $3 \cdot 10^{-6}$ m/s^2 von der Atmosphäre abgebremst. Auch der Strahlungsdruck seitens der Sonne ist relativ groß. Für denselben kleinen Satelliten führt er zu einer Beschleunigung (bzw. Verzögerung – je nach der Orientierung der Bewegungsrichtung gegenüber der Sonne) von etwa $3 \cdot 10^{-8}$ m/s^2. In einer Höhe von 500 km sind die von der Atmosphäre und vom Strahlungsdruck hervorgerufenen Beschleunigungen betragsmäßig etwa gleich. Auch der Druck des Sonnenwindes (des von der Sonne ausgesandten Stroms von Protonen und Elektronen) trägt merklich zu den auf den Satelliten wirkenden nichtgravitativen Beschleunigungen bei.

Auf den Satelliten wirken also Oberflächenkräfte, die zu merklichen nichtgravitativen Beschleunigungen führen. Tatsächlich ergibt eine nichtgravitative Beschleunigung von $3 \cdot 10^{-6}$ m/s^2 innerhalb von 10 Tagen eine Abweichung des Satelliten von der rein Newtonschen Bahnbewegung von etwa $0{,}5 \cdot 3 \cdot 10^{-6}\ m/s^2 \cdot (10^6\ s)^2 = 1{,}5 \cdot 10^6\ m = 1500$ km. Aufgrund dieser nichtgravitativen Beschleunigung muß man die Satelliten systematisch verfolgen und ihre Umlaufbahn ständig korrigieren. Daher ist ein gewöhnlicher Satellit zur Messung der Schwerebeschleunigung auf der Umlaufbahn ungeeignet.

Wir haben bereits darauf hingewiesen, daß die aufgezählten Kräfte (die Wirkung von Mikrometeoriten, die weitaus schwächer als die drei genannten Kräfte ist,

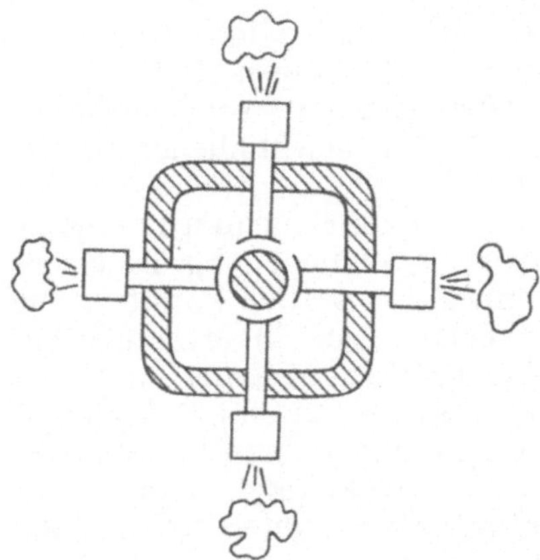

Abb. 48. Prinzipskizze eines reibungsfreien Satelliten

haben wir nicht erwähnt), die auf den Satelliten wirken, Oberflächenkräfte sind. Das bedeutet, daß sich ein Körper innerhalb des Satelliten – wenn man das Gravitationsfeld des Satelliten selbst einmal vernachlässigt – auf einer Bahn bewegen wird, die den Geodäten wesentlich näher ist als die Bahn des Satelliten (vorausgesetzt, der Körper stößt nicht an die Wände).

Den Satelliten kann man hinreichend symmetrisch konstruieren, damit sich sein Eigengravitationsfeld in einem kleinen Gebiet in seinem Innern nahezu kompensiert. Wenn man an diese Stelle einen Probekörper bringt, der von kontaktfreien Sensoren für kleine Verschiebungen umgeben ist, die wiederum Mikrotriebwerke steuern, dann wird sich der Satellit insgesamt so bewegen wie der Probekörper im Innern. Dabei werden alle Oberflächenkräfte, die den Satelliten von seiner geodätischen Bahn treiben, durch den Schub der Mikrotriebwerke kompensiert. Ein derartiger Satellit wird als reibungskompensierter Satellit (Abb. 48) bezeichnet.

Es ist ganz klar, daß reibungskompensierte Satelliten für Präzessionsmessungen des Gravitationsfeldes der Sonne und der Planeten unerläßlich sind. Der erste derartige Satellit (er erhielt die Bezeichnung Triad-1) wurde von Wissenschaftlern der USA 1972 gestartet, er war ein ganzes Jahr lang in Betrieb. Um die Stärke des Magnetfeldes, das von dem Probekörper selbst erzeugt wird und das vom Kontrollsystem nicht kompensiert werden kann, zu verringern, wurde der Probekörper aus einer Legierung von Platin und Gold angefertigt. Diese beiden Materialien besitzen dia- und paramagnetische Eigenschaften. Die resultierende magnetische Permeabilität war um zwei Größenordnungen kleiner als bei gewöhnlichen nichtferromagnetischen Körpern.

Die mit Triad-1 durchgeführten Untersuchungen zeigten, daß die nichtgravitativen Beschleunigungen bis zu einem Niveau von 10^{-8} cm/s^2 kompensiert werden konnten. Die Umlaufbahn des Satelliten befand sich in etwa 800 km Höhe über der Erdoberfläche. Das bedeutet, daß die nichtgravitativen Beschleunigungen bis auf 0,1 % kompensiert werden konnten. Die Lage des Satelliten konnte zwei Wochen im voraus mit einer Genauigkeit von 100 m berechnet werden. Bei gewöhnlichen Satelliten betragen die täglich zu korrigierenden Abweichungen einige hundert Meter. Daher können reibungskompensierte Satelliten als gute Orientierungspunkte bei der Navigation dienen.

Wir werden hier nicht bei den Anforderungen verweilen, die an die Konstruktion eines derartigen Satelliten gestellt werden. Natürlich müssen dazu komplizierte technische Aufgaben gelöst werden. Berechnungen zeigen, daß die nichtgravitativen Beschleunigungen in den nächsten Jahren vermutlich sogar bis zu einer Genauigkeit von 10^{-10} cm/s^2 kompensiert werden können.

In diesem Anhang haben wir zwei Geräte ausführlich betrachtet, mit deren Hilfe Beschleunigungen in der Nähe der Erde (auf der Erdoberfläche und auf der Umlaufbahn) sehr genau gemessen werden können. Die Gravimetrie entwickelt sich intensiv weiter. Diese Disziplin erlaubt es, wie bereits erwähnt wurde, wichtige Aufgaben bei der geologischen Erkundung zu lösen. Man kann erwarten, daß die Gravimetrie in naher Zukunft auf dem Mond, dem Mars und anderen Planeten weite Anwendung finden wird.